L. N. Ranathunga
B. C. Jayawardana
M. Esakkimuthu

Determinação das concentrações de metais pesados no leite em pó

AF376922

L. N. Ranathunga
B. C. Jayawardana
M. Esakkimuthu

Determinação das concentrações de metais pesados no leite em pó

ScienciaScripts

Imprint

Any brand names and product names mentioned in this book are subject to trademark, brand or patent protection and are trademarks or registered trademarks of their respective holders. The use of brand names, product names, common names, trade names, product descriptions etc. even without a particular marking in this work is in no way to be construed to mean that such names may be regarded as unrestricted in respect of trademark and brand protection legislation and could thus be used by anyone.

Cover image: www.ingimage.com

This book is a translation from the original published under ISBN 978-620-2-31247-9.

Publisher:
Sciencia Scripts
is a trademark of
Dodo Books Indian Ocean Ltd. and OmniScriptum S.R.L publishing group

120 High Road, East Finchley, London, N2 9ED, United Kingdom
Str. Armeneasca 28/1, office 1, Chisinau MD-2012, Republic of Moldova, Europe
Printed at: see last page
ISBN: 978-620-7-94411-8

Copyright © L. N. Ranathunga, B. C. Jayawardana, M. Esakkimuthu
Copyright © 2024 Dodo Books Indian Ocean Ltd. and OmniScriptum S.R.L publishing group

Capítulo 1 INTRODUÇÃO

Desde o início da civilização, as pessoas têm vindo a destruir os recursos naturais para satisfazer as suas necessidades. No entanto, a exploração aumentou a um ritmo mais elevado e de forma desmesurada nas últimas décadas, especialmente com o advento da revolução industrial. A industrialização trouxe consigo muitas substâncias indesejáveis e problemas sociais; um desses problemas é a poluição do ambiente (Rai et al., 2011) A poluição é um problema global que tem um impacto negativo na saúde humana. Nas últimas décadas, as actividades humanas tiveram um impacto grave nos sistemas vivos da Terra. A população humana duplicou nos últimos 40 anos e continuará a duplicar nos próximos 40 anos. A expansão das infra-estruturas e da agricultura devido ao crescimento da população acelerou a transformação dos solos e a poluição do ambiente (Hooke, 2012). A poluição apresenta-se sob a forma de poluição atmosférica, poluição da água e poluição do solo, causando doenças e outros problemas relacionados. A poluição não tem apenas um impacto grave nos seres humanos, mas também em todo o ecossistema, incluindo animais e plantas (Khan, 2013).

A presença de poluentes inorgânicos, como os iões metálicos, no ecossistema é um grande problema ambiental a nível mundial. Os metais tóxicos e os seus compostos correspondentes que atingem a superfície da terra contaminam a água, mas também podem contaminar as águas subterrâneas, os recursos do solo e o ar. Existem numerosos metais e compostos metálicos que são altamente tóxicos para os seres humanos e o ambiente. Os metais pesados são um componente importante dos poluentes ambientais e uma fonte de envenenamento para os seres humanos e os animais. Estão presentes sob várias formas no solo, na água natural e no ar e podem tornar-se contaminantes dos alimentos e da água potável (Ojedokun & Bello, 2016). A contaminação por metais pesados é a deposição excessiva de metais pesados tóxicos nos ecossistemas, causada principalmente por actividades humanas. Os metais pesados nos ecossistemas conduzem direta e indiretamente, através das cadeias e teias alimentares, a toxicidades biológicas para os organismos vivos na Terra (Su et al., 2014). Os metais pesados são elementos naturais com um peso atómico e uma densidade superiores aos da água. As suas diversas aplicações industriais, domésticas, agrícolas, médicas e tecnológicas levaram à sua ampla distribuição no ambiente e a uma maior preocupação com o seu potencial impacto na saúde humana e no ambiente (Rusyniak et al., 2010). Entre as várias categorias elementares de metais pesados, Pb, Cr, As, Zn, Cd, Cu, Hg e Ni são categorizados como metais pesados prioritários, uma vez que são comuns e contaminam constantemente os ecossistemas (Wuana & Okieimen, 2011).A criação de gado desempenha um papel importante na vida dos agricultores dos países em desenvolvimento (Sugiyama et al., 2003). O leite é um alimento líquido esbranquiçado, geralmente produzido pelas células da glândula mamária da vaca durante a lactação (Guetouache et al., 2014). A indústria de laticínios, que consiste em leite cru e produtos lácteos, é um componente importante do sector pecuário, pois fornece alimentos, necessidades nutricionais, renda, emprego e muitas outras contribuições para a economia rural, bem como para o desenvolvimento do país (Qian et al., 2011). O leite de vaca e os produtos lácteos têm uma longa história na nutrição humana, uma vez que o leite de vaca contém uma variedade de nutrientes, tais como lípidos, proteínas, hidratos de carbono, aminoácidos, vitaminas e minerais necessários para o crescimento e o desenvolvimento. Contém também imunoglobulinas, hormonas, factores de crescimento, citocinas, nucleótidos, péptidos, poliaminas, enzimas e outros péptidos bioactivos (Haug et al., 2007).A contaminação dos alimentos por resíduos de metais pesados é um problema grave que ocorre principalmente nos países do terceiro mundo e constitui uma grande preocupação para as autoridades responsáveis pela segurança alimentar e pela saúde humana. Embora a indústria dos lacticínios forneça uma proporção significativa das necessidades alimentares humanas, os alimentos representam um risco drástico, uma vez que a sua exposição a longo prazo pode conduzir a efeitos toxicológicos para os seres humanos. Os animais de criação são indicadores importantes da exposição ambiental a metais pesados. A exposição dos animais de criação a metais pesados é um dos maiores problemas de saúde pública a nível mundial, especialmente nos animais leiteiros. Foram detectados resíduos de metais pesados em muitos produtos lácteos a níveis que excedem os limites máximos de resíduos estabelecidos pelas autoridades reguladoras internacionais (Javedet al., 2013).A ingestão de leite contaminado contendo mesmo pequenas quantidades de metais pesados, como o Cd e o Pb, pode causar várias anomalias clínicas ou não apresentar sinais clínicos. As pastagens podem ser contaminadas com metais pesados a partir dos seus materiais de origem, da deposição atmosférica, da aplicação contínua de grandes quantidades de fertilizantes, da eliminação de resíduos industriais e das emissões dos veículos. Além disso, as embalagens e os processos tecnológicos utilizados para levar os alimentos ao consumidor podem aumentar significativamente a concentração global de metais pesados (de Castro et al., 2010). Os metais pesados podem contaminar o leite se a vaca em lactação for exposta à poluição ou ingerir alimentos e água que contenham toxinas. Além disso, a contaminação também pode ser atribuída à forma como os produtos lácteos são produzidos, onde existe a possibilidade de que as toxinas sejam ingeridas durante o processo de produção. Os animais criados com rações contaminadas tornam-se uma fonte constante de resíduos de metais pesados nos tecidos comestíveis e no leite (History, 2010).

Embora o leite e os produtos lácteos forneçam nutrientes de alta qualidade, necessários para uma saúde física e mental forte, a presença de elementos tóxicos, como os metais pesados, no leite e nos produtos lácteos pode levar a problemas de saúde, especialmente em bebés, crianças em idade escolar e idosos que consomem grandes quantidades destes produtos (Siddiki et al., 2012). Este é o problema do leite de vaca, que é consumido pelas pessoas na forma líquida ou em pó. O leite em pó é um produto lácteo importante e popular para as necessidades nutricionais. Contém as necessidades nutricionais básicas e adicionais de diferentes grupos etários (Solidum et al., 2012).O consumo de produtos lácteos no Sri Lanka, especialmente de leite em pó, aumentou significativamente nas últimas décadas. As despesas das famílias com leite em pó são lideradas tanto por marcas importadas como por marcas locais (Madushani & Gunaratne, 2010). Em 2013, a produção local, as importações e a disponibilidade per capita de leite em pó aumentaram significativamente em comparação com os dados anteriores. A produção local e as importações totais incluem 11610 toneladas e 89910 toneladas, respetivamente, enquanto a disponibilidade per capita é de 4,92 kg por ano (Department of Census and Statistics; Sri Lanka, 2013). Os dados mais recentes mostram que o sector pecuário do Sri Lanka representa atualmente 0,7% do PIB. De acordo com os dados disponíveis, as importações de leite em pó e produtos lácteos aumentaram 3,3% em relação a 2013, o que pode ser resultado da baixa taxa de crescimento do sector dos lacticínios (Department of Animal Production and Health, 2014).

As medições analíticas são essenciais para manter e controlar processos, tomar e ajustar precauções, determinar a qualidade dos produtos e garantir a qualidade do produto para o consumidor final. Este estudo foi efectuado para determinar as concentrações de metais pesados no leite em pó gordo e no leite em pó magro disponíveis no mercado do Sri Lanka. O protocolo analítico utilizado foi o método validado bem estabelecido que envolve a digestão por micro-ondas para a preparação da amostra e a espetrometria de massa com plasma indutivamente acoplado (ICP-MS) para a análise elementar (Khan et al., 2013).

Poluição ambiental

A poluição é a acumulação de material e energia inadequados no ambiente, principalmente devido às actividades humanas. Os factores responsáveis pela poluição ambiental são designados por poluentes ambientais. Um poluente pode ser um material físico, químico ou biológico que é libertado para o ambiente e pode prejudicar direta ou indiretamente os seres humanos e outros organismos vivos na Terra. Nas últimas décadas, as alterações causadas pelas actividades humanas duplicaram, afectando a vida de muitas pessoas. A população humana duplicou nos últimos 40 anos e prevê-se que aumente na mesma proporção nos próximos 40 anos. A poluição tornou-se um problema global e o seu impacto na saúde da população humana e de outros seres vivos é grande. A poluição atinge os seus níveis mais elevados nos centros urbano-industriais densamente povoados dos países mais desenvolvidos. Nos países em desenvolvimento e na maioria dos países pobres do mundo, mais de 80 % da água poluída é utilizada para fins de irrigação em zonas industriais, urbanas e semi-urbanas. As indústrias que se aglomeram em zonas urbanas e semi-urbanas com elevada densidade populacional conduzem a uma poluição imparável do ambiente (Hooke, 2012; Khan, 2013; Rai et al, 2011).

Durante várias décadas, tem-se verificado uma preocupação global crescente com o impacto da poluição na saúde pública. A poluição é o resultado de actividades antropogénicas e naturais. As actividades antropogénicas induzidas pela indústria e as catástrofes naturais contribuem significativamente para a poluição ambiental atual. Atualmente, a utilização de procedimentos de auditoria ambiental é voluntária em todos os sectores da economia, mas futuros protocolos legislativos eficazes e viáveis poderão torná-la obrigatória. Acredita-se que os programas de controlo da poluição devem surgir como um esforço a nível nacional baseado na participação voluntária. O sector do turismo é outra fonte de potenciais danos ambientais. Níveis elevados de poluição podem causar grandes danos à saúde humana e animal, às plantas e árvores, incluindo as florestas tropicais, e a outros habitats aquáticos e terrestres. A poluição ocorre sob a forma de poluição atmosférica, poluição da água e poluição do solo e causa efeitos adversos significativos para a saúde humana (Khan, 2013).

Poluição atmosférica

A poluição atmosférica tornou-se um problema extremamente grave no mundo industrializado moderno. O ar que respiramos é um ingrediente essencial para uma vida saudável. Infelizmente, o ar poluído está espalhado por todo o mundo, especialmente nos países industrializados. A poluição atmosférica pode ser definida como uma condição atmosférica em que certas substâncias estão presentes em concentrações tais que podem ter efeitos indesejáveis nos seres humanos e no ecossistema. Estas substâncias incluem gases, partículas em suspensão, substâncias radioactivas e muitas outras (Rai et al., 2011).

O rápido crescimento da população urbana, o aumento da industrialização e da procura de energia e de veículos a motor, a regulamentação ambiental inadequada, as tecnologias de produção menos eficientes, as estradas congestionadas, a idade e a manutenção deficiente dos veículos a motor contribuem para o agravamento da poluição atmosférica. As principais fontes de poluição atmosférica de origem humana incluem o fumo do tabaco, a queima de combustíveis sólidos para cozinhar e aquecer, os produtos de limpeza domésticos, os insecticidas, os veículos a motor, a produção de energia e a deficiente regulamentação ambiental. As fontes naturais incluem as incineradoras e os aterros sanitários, bem como os incêndios florestais e agrícolas. No passado recente, a poluição atmosférica foi também associada a perturbações do sistema nervoso central (SNC), incluindo acidentes vasculares cerebrais, doença de Alzheimer, doença de Parkinson e perturbações do desenvolvimento neurológico. Foi demonstrado que vários componentes da poluição atmosférica, como as partículas em nanoescala, podem entrar facilmente no SNC e desencadear respostas imunitárias inatas. Além disso, a inflamação sistémica com origem no sistema pulmonar ou cardiovascular pode afetar a saúde do SNC (Gencet al., 2012).

A recente descoberta de genes associados à suscetibilidade à doença inflamatória intestinal (DII) explica apenas uma fração da variação hereditária destas doenças. Isto, e o facto de a incidência de DII ter aumentado nas últimas décadas de industrialização crescente, sugere que os factores ambientais podem contribuir para a patogénese da doença. Os poluentes gasosos também podem causar efeitos negativos sistémicos nos organismos vivos (Beamish et al., 2011).

1.1.1. Poluição da água

Os recursos hídricos e a qualidade da água têm um impacto no desenvolvimento económico, social e político da sociedade. Quando a água é contaminada por substâncias inesperadas, é considerada nociva para a vida humana e para os organismos aquáticos. Esta água é então designada por água poluída. Várias causas são responsáveis pela poluição da água. Algumas causas naturais são a mistura de partes biodegradadas de animais e plantas com água limpa, o assoreamento devido à erosão das margens dos rios, etc. Os resíduos domésticos, os resíduos industriais, os fertilizantes, etc. são poluentes da água produzidos pelo homem. A necessidade de água para todos os seres vivos não precisa de ser descrita. Se a água que a recebe estiver poluída, causará danos, isso é certo. O pior é que se propagará a outros através da cadeia alimentar. Atualmente, a poluição da água não pode ser completamente evitada, mas é urgentemente necessária a sua minimização. (Bagul et al., 2015)

Os pesticidas pertencem a uma categoria de produtos químicos que são utilizados em todo o mundo como herbicidas, insecticidas, fungicidas, rodenticidas, moluscicidas, nematicidas e reguladores do crescimento das plantas para controlar as ervas daninhas, as pragas e as doenças das culturas e para a saúde humana e animal. O aspeto positivo da utilização de pesticidas é o aumento da produtividade das culturas e dos alimentos e a redução drástica das doenças transmitidas por vectores. No entanto, a utilização descontrolada e indiscriminada de pesticidas suscita sérias preocupações para o ambiente em geral. Os pesticidas representam um grave risco para a saúde dos sistemas vivos devido à sua rápida solubilidade lipídica e à sua bioacumulação em organismos não visados. Mesmo em concentrações baixas, os pesticidas podem ter vários efeitos adversos que podem ser observados a nível bioquímico, molecular ou comportamental. Os factores que afectam a poluição da água por pesticidas e seus resíduos incluem a drenagem, a precipitação, a atividade microbiana, a temperatura do solo, a área de tratamento, a taxa de aplicação e a solubilidade, mobilidade e semi-vida dos pesticidas (Agrawalet al., 2010)

Devido à descarga de grandes quantidades de águas residuais contendo metais, as indústrias de metais pesados são as mais perigosas das indústrias com utilização intensiva de produtos químicos. Devido à sua elevada solubilidade no ambiente aquático, os metais pesados podem ser absorvidos pelos organismos vivos. Quando entram na cadeia alimentar, grandes concentrações de metais pesados podem acumular-se no corpo humano. Se os metais forem absorvidos acima da concentração admissível, podem causar graves problemas de saúde. (Barakat, 2011) A presença de poluentes inorgânicos, como os iões metálicos, no ecossistema é um problema ambiental importante. Os compostos metálicos tóxicos que atingem a superfície terrestre não só contaminam a água da terra (oceanos, lagos, lagoas e reservatórios), como também podem contaminar as águas subterrâneas em quantidades vestigiais por lixiviação do solo após a chuva e a neve. Existem numerosos metais que são muito tóxicos para os seres humanos e o ambiente, incluindo o arsénio (As), o crómio (Cr), o cobre (Cu), o chumbo (Pb), o cádmio (Cd), o mercúrio (Hg), o zinco (Zn), o manganês (Mn), o níquel (Ni), etc. Os metais pesados são um componente importante dos poluentes ambientais e uma fonte de envenenamento. Estão presentes (sob várias formas) no solo, na água natural e no ar e podem tornar-se contaminantes dos alimentos e da água potável. Alguns deles são componentes de pesticidas, tintas e fertilizantes. Uma concentração de metais que ultrapasse o limite de tolerância pode ser considerada tóxica se afetar o crescimento ou o metabolismo das células. O mecanismo de toxicidade letal de uma concentração elevada de metais pesados conduz a uma perturbação da superfície respiratória com uma exposição a curto prazo, enquanto o metal se acumula nos órgãos internos com uma exposição a longo prazo. Devido a vários avanços na atividade industrial, a emissão destes metais pesados aumentou. Tendo em conta os numerosos perigos colocados pelos metais pesados no ambiente, é muito importante reduzir a presença destes metais tóxicos no ambiente. (Ojedokun et al., 2016)

O volume de águas residuais de origem doméstica, industrial e comercial tem aumentado com o crescimento da população, a urbanização, a melhoria das condições de vida e o desenvolvimento económico. Nas zonas urbanas de muitos países (em desenvolvimento), a agricultura urbana e periurbana depende, pelo menos em certa medida, das águas residuais como fonte de água de irrigação. A qualidade da água e as condições em que é utilizada variam muito. Nos países pobres, esta água pode, em casos extremos, assumir a forma de esgotos brutos diluídos, mesmo que esta prática seja considerada ilegal. No entanto, a qualidade das águas residuais utilizadas e a forma como são utilizadas variam muito entre países e dentro de cada país. Em muitos países de baixo rendimento em África, na Ásia e na América Latina, as águas residuais não são geralmente tratadas (Balkhairet al., 2015).

Contaminação do solo/resíduos sólidos

A gestão incorrecta dos resíduos sólidos é uma das principais causas da poluição ambiental. A poluição dos solos é uma das maiores catástrofes ambientais que o nosso mundo enfrenta atualmente. A indústria dos metais pesados produziu resíduos que são depositados em aterros sem precauções especiais, pelo que cerca de metade da população vive perto de aterros que não cumprem as normas actuais. As minas de carvão e urânio causaram graves problemas de poluição e grande parte dos resíduos sólidos industriais que contêm metais pesados é eliminada sem pré-tratamento (Khan, 2013). Foi demonstrado que a exposição a toxinas ambientais generalizadas afecta o mundo (Cao et al., 2016). As regulamentações e normas ambientais são importantes porque mantêm o equilíbrio entre recursos concorrentes e ajudam a proteger a saúde humana e o ambiente (Liu et al., 2015).

Toxicidade de metais pesados

Os metais que têm uma densidade elevada ou um peso atómico elevado em comparação com a água são designados por metais pesados (Farag, 2000). Alguns metalóides são também classificados como metais pesados, uma vez que podem ser tóxicos mesmo em baixas concentrações (Duffus, 2002). Nos últimos anos, a preocupação com os metais pesados em relação ao ambiente e à saúde pública aumentou a nível mundial, dado que desempenham um papel importante na poluição global. A exposição humana e animal aumentou negativamente em resultado de um aumento substancial da sua utilização em vários sectores, como o desenvolvimento agrícola, a indústria, a utilização doméstica e vários avanços tecnológicos (Bradl et al., 2005).

Os metais pesados estão naturalmente presentes em toda a crosta terrestre. No entanto, a maior parte da poluição ambiental e da exposição humana deve-se diretamente a actividades antropogénicas, uma vez que os seres humanos utilizam excessivamente os metais e os compostos que contêm metais em várias actividades, como a indústria, a exploração mineira e a fundição, a produção doméstica e agrícola (Shallari et al, A poluição ambiental por metais pesados pode também ocorrer através de fenómenos naturais, como a corrosão de metais, a lixiviação de metais pesados juntamente com a erosão do solo por iões metálicos, a deposição atmosférica, a evaporação de metais dos recursos hídricos para o solo e as águas subterrâneas, enquanto a meteorização e as erupções vulcânicas também contribuíram significativamente para a poluição por metais pesados (Nriagu, 1989). As fontes industriais incluem o processamento de metais em refinarias, a combustão de carvão em centrais eléctricas, a combustão de petróleo, as centrais nucleares, os têxteis, os plásticos, a microeletrónica, a preservação da madeira e o processamento de papel (Baldauf et al., 2001).

Os solos podem ser contaminados por metais pesados e metalóides acumulados a partir de emissões de zonas industriais em rápido desenvolvimento, eliminação de resíduos com elevado teor de metais, rejeitos de minas, aplicação de fertilizantes, derrames petroquímicos, rejeitos de minas, pesticidas, lamas de depuração, estrume animal, irrigação com águas residuais, resíduos da combustão de carvão e deposição atmosférica (Khan et al., 2008). Os metais pesados pertencem ao grupo dos perigos químicos inorgânicos. Os metais pesados mais comuns encontrados em sítios contaminados são o crómio (Cr), o zinco (Zn), o arsénio (As), o chumbo (Pb), o cádmio (Cd), o cobre (Cu), o níquel (Ni) e o mercúrio (Hg), etc. (Mulligan et al., 2001).

Ao contrário dos poluentes orgânicos, que são oxidados a óxido de carbono (IV) por actividades microbianas, a maioria dos metais pesados não tende a ser degradada microbiana ou quimicamente, embora sejam possíveis alterações nas suas formas químicas (especiação) e biodisponibilidade (Kirpichtchikova et al., 2006), e a sua concentração total no solo persiste durante muito tempo após a sua introdução (Adriano, 2001). A presença de metais tóxicos no solo pode ter um impacto negativo na biodegradação dos poluentes orgânicos. A contaminação do solo por metais pesados pode representar riscos e perigos para os seres humanos e para o ecossistema através da cadeia alimentar (solo-planta-humano ou solo-planta-animal-humano), da ingestão direta ou do contacto com o solo contaminado, da ingestão de águas subterrâneas contaminadas, da incapacidade de utilização do solo para a produção agrícola, da insegurança alimentar, da redução da qualidade dos alimentos (segurança e comercialização) devido à fitotoxicidade, da redução da área de terra e de problemas de posse da terra (Farag, 2000).

A procura de uma produção alimentar excessiva, a fragmentação crescente dos solos e a exploração de terras marginais para a produção agrícola de alimentos conduzem a uma forte dependência dos fertilizantes inorgânicos nos sistemas de cultivo agrícola. A utilização descontrolada de fertilizantes inorgânicos conduziu a uma destruição grave dos solos e dos recursos hídricos numa escala considerável. Por outro lado, são produzidas grandes quantidades de lamas de depuração que exigem um manuseamento e uma eliminação cuidadosos para minimizar o seu impacto no ambiente. A aplicação no solo é o método de eliminação mais popular, mas pode apresentar riscos ambientais e afetar o crescimento das plantas (Pathak et al., 2009), sendo também a principal opção de eliminação nos países industrializados (Bruun et al., 2006). Na agricultura, a diminuição do rendimento das culturas após a aplicação de lamas de depuração é atribuída à elevada concentração de metais pesados (Singh & Agrawal, 2010) e de substâncias fitotóxicas nas lamas (Su et al., 2014).

A toxicidade e a carcinogenicidade causadas pelos metais pesados envolvem muitos aspectos mecanicistas, alguns dos quais não são claramente compreendidos. No entanto, sabe-se que cada metal tem caraterísticas e propriedades físico-químicas únicas que conduzem aos seus mecanismos de ação toxicológica específicos. Entre os metais pesados, o arsénio (As), o cádmio (Cd), o crómio (Cr), o chumbo (Pb) e o mercúrio (Hg) são conhecidos por serem os metais pesados mais abundantes e prioritários que poluem frequentemente o ambiente (Rusyniak et al., 2010).

Arsénio

Ocorrência no ambiente, produção e utilização industrial

O arsénio é um elemento ubíquo que pode ser detectado em baixas concentrações em praticamente todos os meios ambientais. As formas inorgânicas mais importantes do arsénio incluem o arsenito trivalente e o arsenato pentavalente. As formas orgânicas são os metabolitos metilados - ácido monometilarsónico (MMA), ácido dimetilarsínico (DMA) e óxido de trimetilarsina. A poluição por arsénio é o resultado de fenómenos naturais, como erupções vulcânicas e erosão do solo, bem como de actividades antropogénicas (ATSDR, 2007). Vários compostos que contêm arsénio são produzidos industrialmente e têm sido utilizados no fabrico de produtos para a agricultura, como insecticidas, herbicidas, fungicidas, algicidas, fertilizantes para ovinos, conservantes de madeira e corantes. Também têm sido utilizados em medicina veterinária para combater as ténias nos ovinos e bovinos. Os compostos de arsénio são também utilizados em medicina há pelo menos um século para tratar a sífilis, o palato mole, a disenteria amebiana e a tripanossomíase (Smith et al., 2000).

Os medicamentos à base de arsénio continuam a ser utilizados para tratar certas doenças tropicais, como a doença do sono africana e a disenteria amebiana, e em medicina veterinária para tratar doenças parasitárias, como a filariose em cães e a cabeça negra em perus e galinhas. Recentemente, o trióxido de arsénio foi aprovado pela Food and Drug Administration como agente anticancerígeno para o tratamento da leucemia prometilocítica aguda. O seu efeito terapêutico é atribuído à indução da morte celular programada (apoptose) nas células leucémicas (Wang et al., 1998).

Exposição humana potencial

Estima-se que vários milhões de pessoas em todo o mundo estejam cronicamente expostas ao arsénio, em especial em países como o Chile, o Uruguai, o México e o Sul da Ásia, onde as águas subterrâneas estão contaminadas com elevadas concentrações de arsénio. A exposição ao arsénio ocorre por via oral (ingestão), inalação, contacto com a pele e, em certa medida, por via parentérica. [33] A concentração de arsénio no ar situa-se entre 1 e 3 ng /m em zonas remotas (longe de libertações humanas) e entre 20 e 100 ng /m nas cidades. As concentrações na água são geralmente inferiores a 10 g/l, embora possam ocorrer concentrações mais elevadas perto de depósitos minerais naturais ou locais de extração mineira. A concentração em vários alimentos situa-se entre 20 e 140 ng /kg. As concentrações naturais de arsénio no solo situam-se geralmente entre 1 e 40 mg/kg, mas a aplicação de pesticidas ou a eliminação de resíduos podem conduzir a níveis muito mais elevados ((Mandal & Suzuki, 2002).

A contaminação com concentrações elevadas de arsénio é motivo de grande preocupação, uma vez que o arsénio pode ter uma série de efeitos na saúde humana. Vários estudos epidemiológicos encontraram uma forte associação entre a exposição ao arsénio e um risco acrescido de danos cancerígenos e sistémicos para a saúde (Tchounwou et al., 2003). O interesse pela toxicidade do arsénico aumentou com os recentes relatos de grandes populações em Bengala Ocidental, Bangladesh, Tailândia, Mongólia Interior, Taiwan, China, México, Argentina, Chile, Finlândia e Hungria que foram expostas a elevadas concentrações de arsénico na água potável e que apresentam várias patologias clínicas, incluindo doenças cardiovasculares e vasculares periféricas, anomalias do desenvolvimento, perturbações neurológicas e neurocomportamentais, diabetes, perda de audição, fibrose da veia porta, perturbações hematológicas (anemia, leucopenia e eosinofilia) e carcinomas (Committee On Toxicology, 2001).

A exposição ao arsénio afecta praticamente todos os sistemas orgânicos, incluindo o sistema cardiovascular, a pele, o sistema nervoso, o fígado, os rins, o trato gastrointestinal e o trato respiratório (Tchounwou et al., 2003). A investigação também indicou taxas de mortalidade padronizadas significativamente mais elevadas para o cancro da bexiga, dos rins, da pele e do fígado em muitas áreas com exposição ao arsénio. A gravidade dos efeitos adversos para a saúde depende da forma química do arsénio e é também dependente do tempo e da dose (Tian et al., 2008).

Cádmio

Ocorrência no ambiente, produção e utilização industrial

O cádmio é um metal pesado de grande importância tanto para o ambiente como para o local de trabalho. Encontra-se amplamente distribuído na crosta terrestre e tem uma concentração média de cerca de 0,1 mg/kg. Os níveis mais elevados de compostos de cádmio no ambiente acumulam-se nas rochas sedimentares e os fosfatos marinhos contêm cerca de 15 mg de cádmio/kg (Wells et al., 2002). O cádmio é amplamente utilizado em várias actividades industriais. As aplicações industriais mais importantes do cádmio incluem a produção de ligas, pigmentos e baterias. Embora a utilização de cádmio em baterias tenha aumentado significativamente nos últimos anos, a utilização comercial de cádmio nos países industrializados diminuiu em resposta a preocupações ambientais. Este declínio está ligado à introdução de limites rigorosos para as águas residuais das operações de galvanoplastia e, mais recentemente, à introdução de restrições gerais à utilização de cádmio em certos países (Agência de Proteção Ambiental dos Estados Unidos, 2014).

Exposição humana potencial

As principais vias de exposição ao cádmio são a inalação do fumo do cigarro e a ingestão de alimentos. A absorção através da pele é rara. A exposição humana ao cádmio pode ocorrer a partir de uma variedade de fontes, incluindo o emprego na indústria de metais primários, o consumo de alimentos contaminados, o fumo de cigarros e o trabalho em locais de trabalho contaminados com cádmio, sendo o fumo um dos principais contribuintes (Paschal et al., 2000). Outras fontes de cádmio incluem as emissões de actividades industriais como a exploração mineira, a fundição e o fabrico de baterias, pigmentos, estabilizadores e ligas (Services, 2008). O cádmio também está presente em quantidades vestigiais em certos alimentos, como vegetais de folha, batatas, grãos e sementes, fígado e rins, e crustáceos e moluscos (Satarug et al., 2003). Para além disso, os alimentos ricos em cádmio podem aumentar consideravelmente a concentração de cádmio no corpo humano. Exemplos disso são o fígado, os cogumelos, os mariscos, os mexilhões, o cacau em pó e as algas secas. Uma importante via de distribuição é o sistema circulatório, sendo os vasos sanguíneos os principais órgãos de toxicidade do cádmio. A exposição crónica por inalação a partículas de cádmio está geralmente associada a alterações da função pulmonar e a radiografias do tórax sugestivas de enfisema (Davison et al., 1988). A exposição ocupacional a partículas de cádmio em suspensão no ar tem sido associada a uma função olfactiva prejudicada (Mascagni et al., 2003). Vários estudos epidemiológicos documentaram uma associação entre a exposição crónica de baixo nível ao cádmio e uma diminuição da densidade mineral óssea e da osteoporose (Akesson et al., 2006).

A exposição ao cádmio é normalmente determinada através da medição do nível de cádmio no sangue ou na urina. O cádmio no sangue reflecte a exposição recente ao cádmio (por exemplo, através do tabaco). O cádmio na urina (normalmente ajustado para diluição através do cálculo do rácio cádmio/creatinina) indica acumulação ou exposição renal ao cádmio (Jarup et al., 1998). Os níveis de cádmio no sangue e na urina são geralmente mais elevados nos fumadores de cigarros, médios nos ex-fumadores e mais baixos nos não fumadores (Becker et al., 2002). Devido à utilização contínua do cádmio em aplicações industriais, a contaminação ambiental e a exposição humana ao cádmio aumentaram drasticamente no último século (Satarug et al., 2010).

Cromado

Ocorrência no ambiente, produção e utilização industrial

O crómio (Cr) é um elemento que ocorre naturalmente na crosta terrestre, cujos estados de oxidação (ou estados de valência) variam entre o crómio (II) e o crómio (VI) (Assem & Zhu, 2007). Os compostos de crómio são estáveis na forma trivalente [Cr (III)] e ocorrem naturalmente neste estado em minérios como a ferrocromite. A forma hexavalente [Cr (VI)] é o segundo estado mais estável. O crómio elementar [Cr (0)] não ocorre na natureza. O crómio é libertado para várias matrizes ambientais (ar, água e solo) a partir de uma variedade de fontes naturais e antropogénicas, sendo a maior libertação proveniente de operações industriais. As indústrias que mais contribuem para a libertação de crómio incluem o processamento de metais, os curtumes, a produção de cromato, a soldadura de aço inoxidável e o fabrico de ferrocrómio e pigmentos de crómio. O aumento das concentrações de crómio no ambiente está associado à libertação de crómio no ar e nas águas residuais, especialmente na metalurgia, na indústria de refractários e na indústria química. O crómio libertado para o ambiente por actividades antropogénicas apresenta-se principalmente na forma hexavalente [Cr (VI)] (Wilburg et al., 2000). O crómio hexavalente [Cr (VI)] é um poluente industrial tóxico classificado como carcinogéneo para o ser humano por várias agências reguladoras e não reguladoras (U.S. Environmental Protection Agency, U.S.E., ORD & Assessment, N.C. for E, 2013).

O risco que o crómio representa para a saúde depende do seu estado de oxidação e varia entre a baixa toxicidade da forma metálica e a elevada toxicidade da forma hexavalente. Costumava assumir-se que todos os compostos contendo Cr(VI) eram produzidos pelo homem e que apenas o Cr(III) estava omnipresente no ar, na água, no solo e nos materiais biológicos. Recentemente, no entanto, o Cr(VI) de ocorrência natural foi encontrado em águas subterrâneas e superficiais a níveis que excedem o limite de 50 µg de Cr(VI) por litro de água potável da Organização Mundial de Saúde (Velma et al., 2010). O crómio é utilizado em numerosos processos industriais, pelo que constitui uma fonte de contaminação para muitos sistemas ambientais (Cohen et al., 1993). Comercialmente, os compostos de crómio são utilizados em soldadura industrial, cromagem, corantes e pigmentos, curtimento de couro e preservação da madeira. O crómio é também utilizado como agente anticorrosivo em equipamentos de cozinha e caldeiras (Wang et al., 2006).

Exposição humana potencial

Estima-se que mais de 300 000 trabalhadores são expostos anualmente ao crómio e a compostos contendo crómio no local de trabalho. Nos seres humanos e nos animais, o [Cr (III)] é um nutriente essencial que desempenha um papel no metabolismo da glucose, das gorduras e das proteínas, potenciando os efeitos da insulina. No entanto, a exposição profissional é uma grande preocupação devido ao elevado risco de doenças induzidas pelo Cr em trabalhadores industriais expostos profissionalmente ao Cr (VI) (Saha et al., 2011).

A população humana em geral e alguns animais selvagens também podem estar em risco. Estima-se que um total de 33 toneladas de Cr sejam libertadas no ambiente anualmente (Wilburg et al., 2000). A Administração de Segurança e Saúde no Trabalho dos EUA (OSHA) estabeleceu recentemente um nível "seguro" de 5 Lig/in 3 para uma média ponderada no tempo de 8 horas, embora este nível revisto possa ainda representar um risco carcinogénico (Zhang et al., 2011). [3]Para a população em geral, os níveis atmosféricos situam-se entre 1 e 100 ng/cm , mas podem exceder este intervalo em zonas próximas do fabrico de Cr. A exposição não ocupacional ocorre através da ingestão de alimentos e água contendo crómio, enquanto a exposição ocupacional ocorre por inalação. As concentrações de crómio variam entre 1 e 3000 mg/kg no solo, 5 a 800 Lg/L na água do mar e 26 Lg/L a 5,2 mg/L em rios e lagos (Assem & Zhu, 2007).

O teor de crómio nos alimentos varia muito e depende da transformação e preparação. Em geral, a maioria dos alimentos frescos contém níveis de crómio entre <10 e 1.300 iig/kg. Os trabalhadores actuais das indústrias relacionadas com o crómio podem estar expostos a concentrações de crómio duas ordens de grandeza superiores às da população em geral. Embora a principal via de exposição humana ao crómio seja a inalação e o pulmão seja o principal órgão-alvo, foi também identificada uma exposição humana significativa ao crómio através da pele (Holmes et al., 2008). Por exemplo, a dermatite generalizada em trabalhadores da construção civil foi atribuída à exposição ao crómio contido no cimento (Shelnutt et al., 2007). Sabe-se que a exposição ocupacional e ambiental a compostos contendo Cr(VI) causa toxicidade em vários órgãos nos seres humanos, como lesões renais, alergias e asma, bem como cancro do trato respiratório (IPCS - International Programme on Chemical Safety, 1988).

A inalação de concentrações elevadas de crómio (VI) pode provocar irritação da mucosa nasal e úlceras nasais. Os principais problemas de saúde observados em animais após a ingestão de compostos de crómio(VI) são irritação e úlceras no estômago e no intestino delgado, anemia, danos no esperma e no sistema reprodutor masculino. Os compostos de crómio (III) são muito menos tóxicos e não parecem causar estes problemas. Alguns indivíduos são extremamente sensíveis ao crómio (VI) ou ao crómio (III), tendo sido relatadas reacções alérgicas sob a forma de vermelhidão e inchaço graves da pele. Foi observado um aumento de tumores gástricos em humanos e animais expostos ao crómio

(VI) na água potável. A ingestão acidental ou deliberada de doses extremamente elevadas de compostos de crómio (VI) por seres humanos provocou efeitos graves nos sistemas respiratório, cardiovascular, gastrointestinal, vascular, hepático, renal e neurológico, que resultaram na morte ou na sobrevivência dos doentes graças a tratamento médico (Wilburg et al., 2000).

Ocorrência de chumbo no ambiente, produção e utilização industrial

O chumbo é um metal cinzento-azulado de ocorrência natural que se encontra em pequenas quantidades na crosta terrestre. Embora o chumbo ocorra naturalmente no ambiente, as actividades antropogénicas, como a combustão de combustíveis fósseis, a exploração mineira e o fabrico, contribuem para a libertação de concentrações elevadas. O chumbo tem muitas aplicações industriais, agrícolas e domésticas diferentes. É atualmente utilizado no fabrico de baterias de chumbo-ácido, munições, produtos metálicos (solda e tubos) e equipamento de proteção contra raios X. Estima-se que 1,52 milhões de toneladas de chumbo tenham sido utilizadas em várias aplicações industriais. Deste total, 83% foi utilizado no fabrico de baterias de chumbo-ácido, enquanto a restante utilização incluiu uma gama de produtos como munições (3,5%), óxidos para tintas, vidro, pigmentos e produtos químicos (2,6%) e folhas de chumbo (1,7%) (McKenna et al., 2013).

Nos últimos anos, a utilização industrial de chumbo em tintas e produtos cerâmicos, vedantes e solda para tubagens foi significativamente reduzida (The, 1992). Apesar deste progresso, foi relatado que entre 16,4 milhões de agregados familiares com mais de uma criança com menos de 6 anos de idade, 25% das casas ainda têm quantidades significativas de tinta desactualizada contaminada com chumbo, poeira ou solo adjacente nu (Jones, 2012). O chumbo na poeira e no solo frequentemente recontamina casas limpas (Farfel & Chisolm, 1991) e contribui para níveis elevados de chumbo no sangue de crianças que brincam em pisos nus e contaminados (CDC, 2012). Atualmente, a maior fonte de envenenamento por chumbo nas crianças é o pó e as lascas de tinta com chumbo deteriorada em superfícies interiores (Lanphear et al., 1998). As crianças que vivem em casas com tinta deteriorada com chumbo podem atingir concentrações de chumbo no sangue de 20 g/dL ou mais (Mielke, 1999).

Exposição humana potencial

A exposição ao chumbo ocorre principalmente através da inalação de partículas de poeira ou aerossóis contendo chumbo e através da ingestão de alimentos, água e tintas contendo chumbo (Flora et al., 2012). Os adultos absorvem 35 a 50 % do chumbo através da água potável, e a taxa de absorção nas crianças pode ser superior a 50 %. A ingestão de chumbo é influenciada por factores como a idade e o estado fisiológico. No corpo humano, a maior percentagem de chumbo é absorvida pelos rins, seguida do fígado e de outros tecidos moles, como o coração e o cérebro, sendo que o chumbo no esqueleto constitui a maior parte do corpo (Lanphear, 2005). O sistema nervoso é o alvo mais suscetível do envenenamento por chumbo. Dores de cabeça, défices de atenção, irritabilidade, perda de memória e embotamento são os primeiros sintomas dos efeitos da exposição ao chumbo no sistema nervoso central (CDC, 2012). Desde o final da década de 1970, a exposição ao chumbo diminuiu significativamente graças a numerosos esforços, incluindo a eliminação do chumbo na gasolina e a redução do teor de chumbo nas tintas residenciais, nas latas de alimentos e bebidas e nas canalizações (Flora et al., 2012).

Vários programas implementados pelos Estados não só se centraram na proibição do chumbo na gasolina, nas tintas e nas latas de metal, como também apoiaram programas de rastreio do envenenamento por chumbo na infância e a reparação de casas com chumbo (The, 1992). Apesar dos progressos registados nestes programas, a exposição humana ao chumbo continua a ser um grave problema de saúde (Pirkle et al., 1994). O chumbo é o tóxico mais sistémico, afectando múltiplos órgãos do corpo, incluindo os rins, o fígado, o sistema nervoso central, o sistema hematopoiético, o sistema endócrino e o sistema reprodutor. A exposição ao chumbo resulta normalmente da deterioração da pintura doméstica, do chumbo no local de trabalho, do chumbo em cristais e recipientes de cerâmica lixiviados para a água e os alimentos, da utilização do chumbo em actividades de lazer e da utilização do chumbo em alguns medicamentos e cosméticos tradicionais (The, 1992).

Vários estudos concluíram que os níveis de chumbo no sangue avaliaram a extensão da exposição ao chumbo em função da idade, do género, da etnia, do rendimento e do grau de urbanização (Pirkle et al., 1994). Embora os resultados destes inquéritos tenham revelado um declínio global dos níveis de chumbo no sangue desde os anos 70, também mostraram que grandes populações de crianças continuam a ter níveis elevados de chumbo no sangue (> 10^g/dL). Como resultado, o envenenamento por chumbo continua a ser um dos problemas de saúde mais comuns nas crianças de hoje (Kaul et al., 1999). A exposição ao chumbo é particularmente preocupante para as mulheres, especialmente durante a gravidez. O chumbo ingerido pela mãe grávida é facilmente transferido para o feto em desenvolvimento (Ong et al., 1985). Os dados relativos aos seres humanos confirmam os resultados obtidos em animais (Corpas et al., 1995) que associam a exposição pré-natal ao chumbo a um peso inferior à nascença e a nascimentos prematuros.

Mercúrio

Ocorrência no ambiente, produção e utilização industrial

O mercúrio é um metal pesado que pertence à série de elementos de transição da tabela periódica. É único no facto de ocorrer na natureza em três formas (elementar, inorgânica e orgânica), cada uma com o seu próprio perfil de toxicidade (Clarkson et al., 2003). À temperatura ambiente, o mercúrio elementar existe como um líquido, que tem uma elevada pressão de vapor e é libertado para o ambiente como vapor de mercúrio. O mercúrio também está presente como um catião com estados de oxidação +1 (mercúrio) ou +2 (mercúrio) (Guzzi et al., 2008). O metilmercúrio é o composto mais comum da forma orgânica no ambiente e é formado pela metilação de formas inorgânicas (contendo mercúrio) de mercúrio por microrganismos no solo e na água (Dopp et al., 2004). O mercúrio é uma toxina e um poluente ambiental generalizado que provoca alterações graves nos tecidos do corpo e uma vasta gama de efeitos adversos para a saúde (Bhan & Sarkar, 2005).

Tanto os seres humanos como os animais estão expostos a várias formas químicas de mercúrio no ambiente. Estas incluem o vapor de mercúrio elementar (Hg 0), o mercúrio inorgânico (Hg +1), o mercúrio (Hg +2) e os compostos orgânicos de mercúrio (Zahir et al., 2005). Como o mercúrio é omnipresente no ambiente, os seres humanos, as plantas e os animais não podem evitar a exposição ao mercúrio sob alguma forma (Holmes et al., 2009). O mercúrio é utilizado na indústria eléctrica (interruptores, termóstatos, baterias), na medicina dentária (amálgama dentária) e em numerosos processos industriais, incluindo a produção de soda cáustica, em reactores nucleares, como agente antifúngico no processamento da madeira, como solvente para metais reactivos e metais preciosos e como conservante de produtos farmacêuticos (Tchounwou et al., 2003). A procura industrial de mercúrio atingiu um pico em 1964 e diminuiu drasticamente entre 1980 e 1994 em resultado da proibição de aditivos de mercúrio em tintas e pesticidas e da redução da utilização de mercúrio em baterias (Agência de Proteção do Ambiente dos Estados Unidos da América, 1997).

Exposição humana potencial

Os seres humanos estão expostos a todas as formas de mercúrio através de acidentes, poluição ambiental, contaminação alimentar, tratamentos dentários, práticas médicas preventivas, actividades industriais e agrícolas e actividades profissionais. As principais fontes de exposição crónica de baixo nível ao mercúrio são as amálgamas dentárias e o consumo de peixe. O mercúrio entra na água através da libertação natural de gases da crosta terrestre e da poluição industrial. As algas e as bactérias metilam o mercúrio que entra nos cursos de água. O metilmercúrio entra então nos peixes, nos moluscos e, finalmente, nos seres humanos através da cadeia alimentar (Sanfeliuet al., 2003). Os dois tipos mais absorvidos são o mercúrio elementar (Hg 0) e o metilmercúrio (MeHg). A amálgama dentária contém mais de 50 % de mercúrio elementar. O vapor elementar é muito lipofílico e é efetivamente absorvido através dos pulmões e dos tecidos orais. Depois de entrar no sangue, o Hg 0 atravessa rapidamente as membranas celulares, incluindo a barreira hemato-encefálica e a barreira placentária (Hoffmeyer et al., 2006). Quando entra na célula, o Hg 0 é oxidado e transforma-se em Hg 2+ altamente reativo. O metilmercúrio proveniente do consumo de peixe é facilmente absorvido no trato gastrointestinal e pode passar facilmente a barreira placentária e a barreira hemato-encefálica devido à sua solubilidade lipídica. Uma vez ingerido, apenas uma quantidade muito pequena de mercúrio é excretada. Uma grande parte do mercúrio absorvido acumula-se nos rins, no tecido neurológico e no fígado. Todas as formas de mercúrio são tóxicas e os seus efeitos incluem toxicidade gastrointestinal, neurotoxicidade e nefrotoxicidade (Tchounwou et al., 2003).

Leite

O leite é secretado pela ordenha de uma fêmea leiteira em bom estado de saúde. Deve ser recolhido de forma eficaz sem conter colostro (MacLachlan & Bhula, 2009). O leite é um alimento líquido branco produzido essencialmente pelas células secretoras da mama feminina; é uma das caraterísticas dos mamíferos. O leite segregado nos primeiros dias após o nascimento é designado por colostro. A qualidade do leite é de importância crucial; deve, por conseguinte, ser armazenado e transportado em condições óptimas (Guetouache et al., 2014).

O leite de vaca e os produtos lácteos têm uma longa tradição na dieta humana. O consumo de leite e produtos lácteos varia muito de região para região (Do Nascimento, 2004). Nas sociedades ocidentais, o consumo de leite tem vindo a diminuir nas últimas décadas. Esta tendência pode ser parcialmente explicada pelos alegados efeitos negativos para a saúde atribuídos ao leite e aos produtos lácteos. Esta crítica surgiu em particular porque a gordura do leite contém uma elevada proporção de ácidos gordos saturados, que se pensa contribuírem para doenças cardíacas, aumento de peso e obesidade. A ligação entre a dieta e a saúde é bem reconhecida e estudos recentes mostraram que os factores de risco modificáveis para a saúde parecem ser mais importantes do que se pensava anteriormente (Yusuf et al., 2004). No futuro, a prevenção da doença pode ser tão importante como o tratamento da doença. De facto, muitos consumidores estão agora muito conscientes das propriedades dos alimentos para a saúde, e o mercado de alimentos saudáveis e de alimentos com benefícios específicos para a saúde está a crescer. O leite é um alimento complexo, constituído por componentes que podem ter efeitos negativos ou positivos na saúde. A composição do leite pode ser alterada pelo regime de alimentação, o que melhora o valor nutricional do leite para consumo humano (Haug et al., 2007).

Composição do leite

O leite de vaca contém os nutrientes necessários para o crescimento e o desenvolvimento e é uma fonte de lípidos, proteínas, aminoácidos, vitaminas e minerais. Contém imunoglobulinas, hormonas, factores de crescimento, citocinas, nucleótidos, péptidos, poliaminas, enzimas e outros péptidos bioactivos. Os lípidos no leite estão emulsionados em glóbulos que estão envoltos em membranas. As proteínas estão presentes em dispersão coloidal como micelas. As micelas de caseína ocorrem como complexos coloidais de proteínas e sais, principalmente cálcio (Dalgleish & Corredig, 2012). A lactose e a maioria dos minerais estão presentes em solução. A composição do leite é dinâmica e varia consoante a fase de lactação, a idade, a raça, a nutrição, o balanço energético e o estado de saúde do úbere. O colostro difere consideravelmente do leite; a diferença mais importante é a concentração de proteína do leite, que pode ser cerca de duas vezes maior no colostro do que no final da lactação (Ontsouka et al., 2003). A mudança na composição do leite ao longo do período de lactação parece corresponder às necessidades variáveis do bebé em crescimento, fornecendo diferentes quantidades de componentes importantes para o suporte nutricional, defesa específica e não específica do hospedeiro, e crescimento e desenvolvimento. Algumas proteínas do leite estão envolvidas no desenvolvimento precoce da resposta imunitária, enquanto outras estão envolvidas na defesa não imunológica (por exemplo, a lactoferrina). O leite contém muitos tipos diferentes de ácidos gordos (Jensen, 2002). Todos estes componentes fazem do leite um alimento rico em nutrientes. (Hauget al., 2007)

O leite como género alimentício

O leite contém componentes importantes para o ser humano, tais como proteínas, hidratos de carbono, gordura, água, todas as vitaminas B, vitaminas A e D, cálcio e fósforo. Também fornece energia. Uma proteína importante no leite é a caseína (em muitos casos, 80 % da proteína do leite). É a base para a produção de queijo. A caseína está ligada ao fosfato de cálcio, razão pela qual o leite contém uma quantidade relativamente grande deste sal, que é um nutriente muito importante para o homem e para os animais. Para além da caseína, o leite contém também proteínas de soro (20% das proteínas do leite). Na maioria dos casos, as proteínas do soro não são incorporadas no queijo; permanecem no soro. As proteínas do soro (globulinas e albuminas) têm um valor nutricional muito elevado. As proteínas do leite são de alta qualidade. Isto significa que o corpo humano pode utilizar uma grande parte das proteínas de forma eficiente. As proteínas de vários outros alimentos têm um efeito complementar. Em combinação com cereais, batatas, carne, ovos ou nozes numa refeição, o corpo pode utilizar uma proporção ainda maior de proteína do leite. (Ebing, 2006)

Metais pesados e leite

A poluição ambiental é um problema grave em todo o mundo. Os processos industriais e agrícolas conduziram a um aumento da concentração de toxinas, como os metais pesados, no ambiente, que são absorvidos pelas plantas e pelos animais nos seus sistemas e provocam uma maior disseminação de toxinas no ambiente. É o caso do leite de vaca, que é consumido pelos seres humanos sob a forma líquida ou em pó. Os metais pesados podem contaminar o leite se a vaca em lactação for exposta à poluição ambiental ou ingerir alimentos e água que contenham toxinas. Além disso, a contaminação também pode ser atribuída à forma como os produtos lácteos são produzidos, onde existe a possibilidade de ingestão de toxinas durante o processo de produção (Fowleret al., 2015). Com o aumento do número de toxinas no ambiente, a segurança humana está em risco. As crianças são particularmente vulneráveis às toxinas ambientais devido à sua exposição relativa potencialmente mais elevada e ao impacto no seu crescimento e desenvolvimento fisiológico (Peabodyet al., 2006). O leite em pó é o alimento mais importante para as crianças em crescimento. Contém tanto os requisitos básicos como os suplementares de que as crianças necessitam, especialmente durante os seus anos de desenvolvimento. Este leite pode estar contaminado com metais pesados, que em certas quantidades podem ser tóxicos para o consumidor. Esta toxicidade é atribuída à acumulação de metais pesados no organismo, que não são metabolizados em produtos excretáveis. Como os metais pesados tóxicos podem estar presentes nos produtos lácteos em pó, é necessário confirmar a sua presença e os seus níveis para avaliar se os produtos comerciais que estão a ser comercializados são seguros para utilização (Solidumet al., 2012).

Embora os metais pesados permaneçam em grande parte nas águas subterrâneas e no solo, os seus níveis aumentam em certas zonas e tendem a acumular-se até atingirem níveis tóxicos nos tecidos dos seres humanos e dos animais que se alimentam da água e do solo. Os organismos vivos necessitam normalmente de alguns destes metais pesados até um certo limite, e quando ocorre uma acumulação excessiva, esta conduz a efeitos adversos graves (Liang & Wong, 2003). Os alimentos cultivados em solos contaminados ou irrigados com água contaminada acumulam níveis de metais e constituem uma fonte importante de poluição por metais pesados para os animais e os seres humanos. Para além destes factores, existem muitas profissões em que os trabalhadores entram em contacto direto com metais pesados, por exemplo, dentistas, pintores e soldadores (Mohammad et al., 2008). Os animais de criação criados com alimentos contaminados são uma fonte constante de resíduos de metais pesados nos tecidos comestíveis e no leite. A contaminação da carne e de outros tecidos comestíveis por metais pesados é uma grande preocupação para a segurança alimentar e a saúde humana. Estes metais são inerentemente tóxicos e podem ter efeitos nocivos mesmo em concentrações relativamente baixas (Alturiqi & Albedair, 2012). As linhas anteriores reflectem a sensibilidade da ameaça para a saúde pública em geral. Este problema requer a atenção imediata das autoridades sanitárias e também dos investigadores (History, 2010).

De um ponto de vista nutricional, os elementos metálicos presentes na composição dos produtos lácteos podem ser divididos em metais essenciais (Fe, Mn, Cu, Zn, Co, Cr, etc.) e metais não essenciais (principalmente Hg, Cd, Pb, etc.). A presença destes últimos metais, mesmo em baixas concentrações, conduz a perturbações metabólicas com consequências extremamente graves. É muito importante mencionar que, para ambas as categorias de metais pesados, o aumento da sua concentração acima dos limites considerados óptimos tem efeitos tóxicos para os consumidores de leite e produtos lácteos. Por este motivo, os valores de concentração de alguns metais pesados no leite e nos produtos lácteos estão regulamentados nos regulamentos de higiene de cada país (Gogoa et al., 2006).

A poluição por resíduos de metais pesados é uma ameaça ambiental global, uma vez que estes estão amplamente distribuídos na crosta terrestre, no ar, na água e nos alimentos (Matlock, Henke & Atwood, 2002). O aumento da poluição por metais pesados no ecossistema deve-se a várias actividades humanas e naturais (Klimmek et al., 2001). Estas actividades incluem a descarga de resíduos, libertações acidentais e relacionadas com processos, a utilização de pesticidas e produtos químicos afins na agricultura, a infiltração de poluentes em terras férteis sob a forma de vapores, mobilização do solo ou poeiras e o espalhamento de lamas de depuração. Todas estas fontes contribuem para a poluição ambiental. Os resíduos de metais pesados nos alimentos para animais e para consumo humano representam um risco drástico e a sua exposição a longo prazo pode conduzir a efeitos toxicológicos. A exposição excessiva a elementos como o Cd, o Pb, o As, o Cr e o Hg é tóxica para as plantas, os animais e os seres humanos (Llobet et al., 2003). Estes metais têm efeitos diretos e indirectos na saúde dos animais e dos seres humanos (Parkpain et al., 2000).

Nalgumas zonas rurais, a poluição por metais pesados é atribuída à eliminação de efluentes industriais e de lamas de depuração, que são problemáticos para os animais em pastoreio porque depositam metais pesados nas pastagens, gramíneas ou forragens (Juniper et al., 2006). Os animais de criação são indicadores importantes da poluição ambiental por metais pesados. A exposição dos animais de criação a metais pesados é uma grande preocupação de saúde pública, especialmente porque estes animais são frequentemente criados para consumo de carne e produtos lácteos. Estas preocupações foram levantadas relativamente a alguns produtos lácteos de bovinos e caprinos, que foram notificados como contendo resíduos de metais pesados a níveis que excedem os LMR fixados pelas autoridades reguladoras internacionais. A contaminação por resíduos de metais pesados é um problema grave, particularmente nos países do terceiro mundo, e uma grande preocupação para os reguladores da segurança alimentar e da saúde humana. Os metais presentes na água potável e nos alimentos levam a envenenamentos insidiosos e representam um risco de morte para mais de 100 milhões de pessoas em todo o mundo (Ojedokun & Bello, 2016). Estes metais são tóxicos por natureza e podem ter efeitos nocivos para a saúde mesmo em concentrações relativamente baixas. As linhas anteriores reflectem a sensibilidade da ameaça que a contaminação por metais pesados representa para a saúde pública. Este problema requer a atenção imediata das autoridades sanitárias e também dos investigadores (Javed et al., 2013).

A contaminação dos alimentos com metais tóxicos para o ambiente, mesmo em quantidades vestigiais, tem atraído uma atenção considerável na era dos transportes rápidos. É necessário desenvolver uma monitorização simples e económica da poluição alimentar para reduzir ou eliminar a quantidade de elementos tóxicos no ambiente. O leite e os produtos lácteos fornecem os nutrientes de alta qualidade necessários para um corpo e uma mente fortes e saudáveis e são uma das principais fontes de nutrientes nos regimes alimentares de todo o mundo. No entanto, a presença de elementos tóxicos no leite e nos produtos lácteos pode levar a problemas de saúde, especialmente em bebés, crianças em idade escolar e idosos que consomem grandes quantidades destes produtos. A sua presença no leite e nos produtos lácteos deve-se a várias actividades agrícolas. A irrigação com água contaminada com metais tóxicos e a utilização de pesticidas, parasiticidas, medicamentos e desinfectantes ambientais nas vacas pode levar à contaminação dos alimentos com metais tóxicos (Hristov et al., 2007). Uma vez que as glândulas mamárias são a parte fisiologicamente mais sensível das vacas leiteiras, a absorção e libertação de metais tóxicos nestes organismos reflecte-se claramente no leite. Os metais pesados, especialmente o cádmio, o arsénio, o zinco e o chumbo, são omnipresentes na natureza, pelo que a sua contaminação no leite e nos produtos lácteos deve ser tida em conta. Entre estes metais tóxicos, o zinco é o mais abundante e disponível para os humanos. Embora uma quantidade suficiente de zinco seja fisiologicamente importante, a ingestão excessiva de zinco é prejudicial e leva a aspectos tóxicos do zinco. Por conseguinte, é útil para os consumidores monitorizarem se a concentração de zinco no leite ou nos produtos lácteos é adequada ou não. Os métodos analíticos para a deteção de compostos químicos perigosos nos alimentos têm atraído muita atenção. (Siddiki et al., 2012)

O aleitamento materno é essencial para o crescimento e desenvolvimento óptimos dos bebés. São inúmeros e únicos os benefícios para a saúde e o desenvolvimento neurológico do aleitamento materno a curto e longo prazo. No entanto, o aleitamento materno é parcialmente ou não é de todo praticado em todo o mundo. A presença dos nutrientes e micronutrientes essenciais necessários no leite de vaca tornou-o no alimento alternativo de eleição para o bebé humano. Nestas circunstâncias menos que ideais, a nutrição infantil tem-se apoiado nos avanços tecnológicos da indústria alimentar para melhorar os produtos tradicionais à base de leite de vaca. Neste cenário realista, deve reconhecer-se que as pastagens e os alimentos de origem animal podem estar contaminados com poluentes, aumentando o risco de exposição do lactente não amamentado a substâncias perigosas. As pastagens podem ser contaminadas com e por materiais de origem, deposição atmosférica, aplicação contínua de grandes quantidades de fertilizantes, eliminação de resíduos industriais e emissões de veículos. Além disso, as embalagens e os processos tecnológicos utilizados para levar os alimentos ao consumidor podem aumentar significativamente a concentração global de Pb e Cd. Por conseguinte, elementos potencialmente tóxicos provenientes da poluição ambiental ou da contaminação acidental podem entrar no leite de vaca e ser ingeridos por bebés vulneráveis. A ingestão de leite contaminado contendo baixos níveis de Cd e Pb pode causar várias anomalias clínicas ou pode ocorrer sem sinais clínicos. No entanto, estudos demonstraram que a ingestão de componentes dietéticos selecionados pode ajudar a compensar os efeitos do cádmio e do chumbo. Estudos em animais mostraram que a quantidade de cálcio na dieta está relacionada com a acumulação de chumbo nos tecidos (de Castro et al., 2010).

Setor dos lacticínios no Sri Lanka

O Sri Lanka está a tornar-se cada vez mais dependente do mercado mundial de produtos lácteos para satisfazer a sua crescente procura de produtos lácteos. A procura de produtos lácteos no Sri Lanka é largamente coberta por importações. Atualmente, o leite em pó seco é o principal produto consumido no Sri Lanka. O consumo de produtos lácteos quase duplicou, enquanto o consumo de leite fresco já diminuiu drasticamente. Desde a independência, os governos reconheceram a importância do sector dos lacticínios no país e tomaram várias medidas políticas para o desenvolver. No entanto, a disponibilidade de leite em pó relativamente barato no mercado internacional e a preocupação com o grande número de consumidores impediram que os governos, no passado, dessem os incentivos de preço necessários aos produtores de leite para expandir a produção de leite no país (Lanka, 2008). Políticas incoerentes para a indústria, baixa produtividade animal, baixo preço do leite à saída da exploração, elevado custo de produção do leite, serviços de extensão deficientes e educação inadequada dos produtores de leite em matéria de saúde animal, falta de novos investimentos no sector pecuário, principalmente devido à falta de apoio governamental e de serviços financeiros, fracas oportunidades de comercialização e instalações inadequadas de transformação do leite, a falta de modernização tecnológica, incluindo o desenvolvimento de uma rede adequada de recolha e distribuição no sector, e a falta de uma educação adequada dos consumidores para apreciarem o valor do leite fresco são os principais obstáculos ao desenvolvimento da indústria leiteira local, o que leva à procura de leite em pó importado para consumo (Ranaweera, 2015).

A indústria dos lacticínios no Sri Lanka tem a sua justificação, uma vez que proporciona milhares de empregos e proteínas animais baratas ao país. Contudo, as tendências do sector explicam-se principalmente pela importação de leite e produtos lácteos (Department of Animal Production and Health, 2010). O sector pecuário do Sri Lanka contribui atualmente com 0,7% para o PIB. Embora a contribuição do sector pecuário para o PIB nacional esteja a diminuir devido ao seu baixo crescimento (0,3%), o consumo de produtos animais aumentou drasticamente nas últimas duas décadas com o aumento do rendimento per capita e a urbanização. A recolha formal de leite aumentou apenas 6,8% em 2014, o que, infelizmente, representa um declínio de 3,3% na taxa de crescimento, o que pode ser resultado da baixa taxa de crescimento do sector leiteiro. As importações de leite em pó e produtos lácteos aumentaram 3,3% em relação a 2013, possivelmente devido à preferência dos consumidores (Departamento de Produção e Saúde Animal, 2014). Os consumidores são amplamente dependentes de marcas importadas e marcas locais de leite em pó (Madushani & Gunaratne, 2010). Em 2013, a produção local, as importações e a disponibilidade per capita de leite em pó aumentaram significativamente em comparação com os dados anteriores. A produção local e as importações totais ascendem a 11610 toneladas métricas e

89910 toneladas, enquanto a disponibilidade per capita é de 4,92 kg por ano

(Department of Census and Statistics; Sri Lanka, 2013)

Capítulo 3 MATERIAIS E MÉTODOS

Localização do estudo

O estudo foi efectuado no Departamento de Ciência Animal, Faculdade de Agricultura, Universidade de Peradeniya. As amostras de leite foram analisadas no Instituto Nacional de Estudos Fundamentais, Hanthana Road Kandy. As análises utilizando o espetrómetro de massa de plasma indutivo (ICP-MS) foram efectuadas nos laboratórios do Departamento de Geologia, Faculdade de Ciências, Universidade de Peradeniya.

Montagem de leite em pó

18 marcas de leite em pó gordo e de leite em pó magro disponíveis no mercado foram adquiridas em supermercados locais do distrito de Kurunegala. Todas as amostras foram trazidas para o laboratório na sua embalagem original e armazenadas em armários bem limpos. Foram preparadas para análise no prazo de uma semana após a compra e antes do prazo de validade.

Processo de amostragem

Cada etiqueta foi designada de acordo com a ordem alfabética de A a R. As amostras foram preparadas em triplicado e 1 g de cada amostra foi utilizado para a digestão por micro-ondas.

Processo digestivo

Preparação do material de vidro

Todo o material de vidro, incluindo balões volumétricos, funis e copos, foi cuidadosamente limpo com água isenta de metais e mergulhado durante a noite num banho de ácido contendo uma solução de HNO_3(v/v) a 20%. O material de vidro foi lavado várias vezes com água desionizada isenta de metais e seco numa estufa (Khan et al., 2013).

Preparação dos vasos digestivos

Foram adicionados 5 ml de HNO3 concentrado (70% de grau analítico, Sigma Aldrich, EUA) a 16 frascos de digestão e, em seguida, colocados no rotador do aparelho de digestão por micro-ondas (910905, Mars One Touch Technology Microwave Digestion System, CEM Corporation, EUA). [0]Os recipientes foram então limpos a 121 C durante 10 minutos e aquecidos à potência máxima de 1000 W durante 15 minutos. Após arrefecimento (10 min), os recipientes bem limpos foram lavados várias vezes com água desionizada, isenta de metais, e virados de cabeça para baixo até à evaporação completa da humidade no interior.

Digestão por micro-ondas

Pesou-se com precisão 1 g de amostra com uma balança analítica (PS 450/X, Radway Wagi Elektroniczne, Polónia) e colocou-se nos recipientes de digestão. [0]Em seguida, foram adicionados 8 ml de HNO3 concentrado (70% de grau analítico, Sigma Aldrich, EUA) a cada recipiente de digestão, colocados na estação de trabalho de micro-ondas (910905, Mars One Touch Technology Microwave Digestion System, CEM Corporation, EUA) e digeridos durante 30 minutos a 210 C, com uma rampa de temperatura de 15 minutos, a uma potência máxima de 1000 W. Após arrefecimento (15 min), a amostra foi arrefecida (15 min). Após arrefecimento (15 min), as amostras digeridas foram transferidas para um balão volumétrico e diluídas para 25 ml com água desionizada, filtradas através de papel de filtro (Whatman n.º 42) para tubos Falcon de 15 ml e finalmente rotuladas para análise (Khan et al., 2013). Registou-se um total de 56 amostras, incluindo dois ensaios em branco.

Figura 3.1. Aparelho de digestão por micro-ondas (910905, Mars One Touch

Technology Microwave Digestion System, CEM Corporation, EUA)

Análise ICP-MS

As amostras foram levadas para o laboratório do Departamento de Geologia da Faculdade de Ciências Naturais da Universidade de Peradeniya numa caixa devidamente selada, sem contaminação externa. Em seguida, filtraram-se 5 ml de cada amostra em novos tubos Falcon de 15 ml, devidamente rotulados, com microfiltros (0,1 mícron). Finalmente, as soluções-mãe foram adicionadas a cada solução para detetar os metais pesados por ICP-MS. Foi mantido um ambiente limpo durante todo o processo de amostragem, digestão por micro-ondas e análise por ICP-MS para reduzir a contaminação externa por metais.

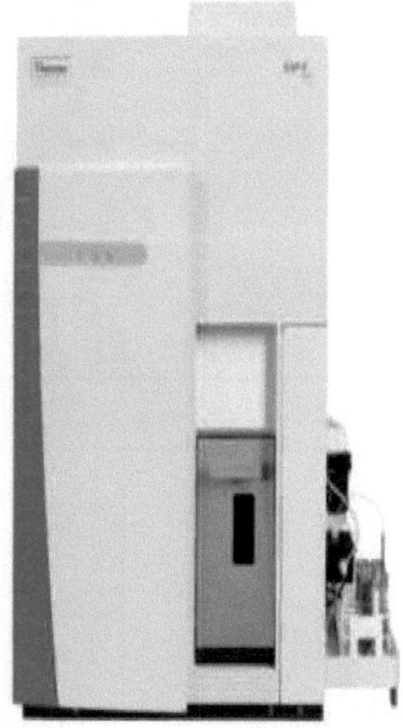

Figura 3.2 Espectrómetro de massa com plasma indutivamente acoplado (ICP-MS)

Análise estatística

Os dados foram analisados utilizando o pacote de software SAS University Edition. O desenho experimental foi um desenho completamente aleatório e as médias foram separadas pelo teste de intervalo múltiplo de Duncan.

Recálculos dos dados obtidos por ICP-MS

O teor de metais pesados (As, Cd, Hg, Cr e Pb) foi indicado em ppb (passado por trilião). A fim de converter os valores em mg/kg, foram efectuados cálculos retroactivos utilizando a seguinte equação,

$$\text{Concentração} = \text{Valor} \times 10^{-3} \times 25 \text{ (fator de diluição) mg/kg}$$

Quadro 4.1 Níveis máximos de As, Cd, Hg, Cr e Pb estabelecidos pelo Codex Alimentarius

Heavy Metal	Maximum Limit (mg/kg)
As	0.015
Cd	0.007
Hg	0.005
Cr	2
Pb	0.025

Os valores analisados foram comparados com os valores máximos especificados pelo Codex Alimentarius (CODEX STAN 193-1995).

Teor de arsénio no leite em pó

Quadro 4.2. Concentração de arsénio total das diferentes marcas de leite em pó

Brand	Concentration (mg/kg)
A	0.005 ± 0.0012^{b}
B	0.004625 ± 0.0009^{bc}
C	0.004125 ± 0.0019^{bc}
D	0.004125 ± 0.0041^{bc}
E	0.003125 ± 0.0002^{bc}
F	0.003125 ± 0.0019^{bc}
G	0.002875 ± 0.0026^{bc}
H	0.002625 ± 0.0037^{bc}
I	0.002375 ± 0.0009^{bc}
J	0.00225^{bc}
K	0.00125 ± 0.0014^{bc}
L	0.001125 ± 0.0012^{bc}
M	0.001125 ± 0.0009^{bc}
N	0.001 ± 0.0007^{bc}
O	0.000875 ± 0.0009^{bc}
P	0.000875 ± 0.0002^{bc}
Q	0.00075 ± 0.0004^{bc}
R	0.000625 ± 0.0005^{c}

Os valores são apresentados como média ± DP (desvio padrão).

Os valores médios dentro de uma coluna com letras diferentes sobrescritas são significativamente diferentes (P<0,0001)

A contaminação com concentrações elevadas de arsénio é motivo de grande preocupação, uma vez que o arsénio pode ter vários efeitos negativos na saúde humana (Tchounwou et al., 2003). Os dados analisados mostram que existe uma diferença significativa (P<0,0001) entre o valor máximo e os valores médios de As das diferentes marcas. A marca A apresentou um valor de As relativamente elevado em comparação com as outras marcas. Não houve diferença significativa entre as outras marcas, enquanto o valor mais baixo para o teor de As foi encontrado na marca R (0,000625 ± 0,0005).

Figura 4. 1 Flutuações na concentração de arsénio em diferentes marcas de leite

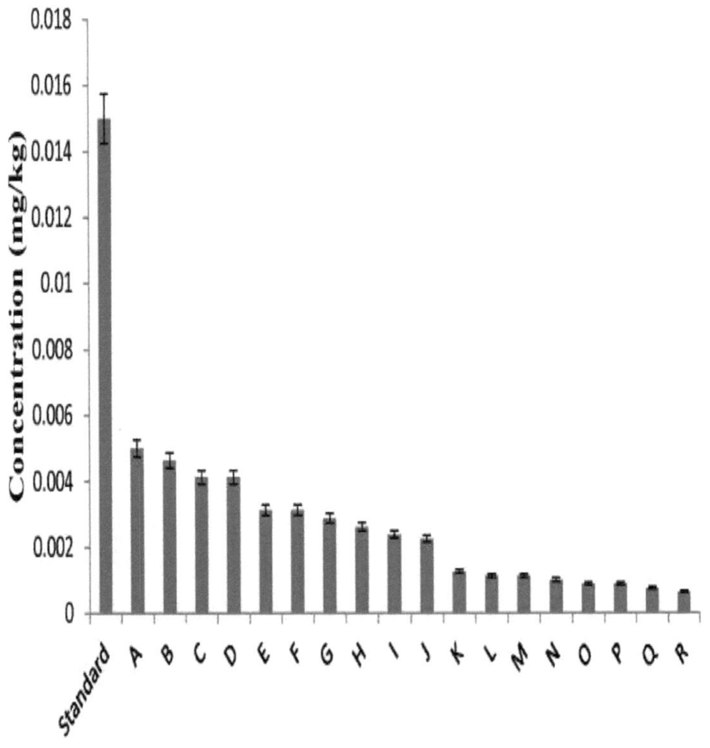

Table 4.3. Concentração total de cádmio em diferentes marcas de leite em pó

Brand	Concentration (mg/kg)
A	0.0039 ± 0.0005^{b}
B	0.0115 ± 0.0078^{b}
C	0.0231 ± 0.0094^{b}
D	0.0108 ± 0.0103^{b}
E	0.0113 ± 0.0046^{b}
F	0.0224 ± 0.0048^{b}
G	0.0123 ± 0.0095^{b}
H	0.0099 ± 0.0055^{b}
I	0.0284 ± 0.0267^{b}
J	0.018 ± 0.0124^{b}
K	0.009 ± 0.0055^{b}
L	0.3163 ± 0.4398^{a}
M	0.0069 ± 0.0005^{b}
N	0.0109 ± 0.0009^{b}
O	0.0185 ± 0.018^{b}
P	0.008 ± 0.0046^{b}
Q	0.0104 ± 0.0062^{b}
R	0.0121 ± 0.0143^{b}

Os valores são apresentados como média $\pm$ DP (desvio padrão).

Os valores médios dentro de uma coluna com letras diferentes sobrescritas são significativamente diferentes (P<0,0001)

O cádmio é um metal pesado de grande importância tanto para o ambiente como para o local de trabalho. Encontra-se amplamente distribuído na crosta terrestre e tem uma concentração média de cerca de 0,1 mg/kg (Wells, Duce & Huber, 2002). Os dados analisados mostram que todas as marcas, com exceção da marca L, não diferem significativamente do nível máximo (0,007 mg/kg) de Cd estabelecido pelo Codex

Alimentarius. A marca L apresentou um valor significativamente mais elevado para o Cd (0,3163±0,4398) do que o nível máximo do Codex Alimentarius para a contaminação por metais pesados no leite em pó.

Figura 4.2 Flutuações nas concentrações de cádmio em diferentes marcas de leite

Concentração total de mercúrio em diferentes marcas de leite em pó

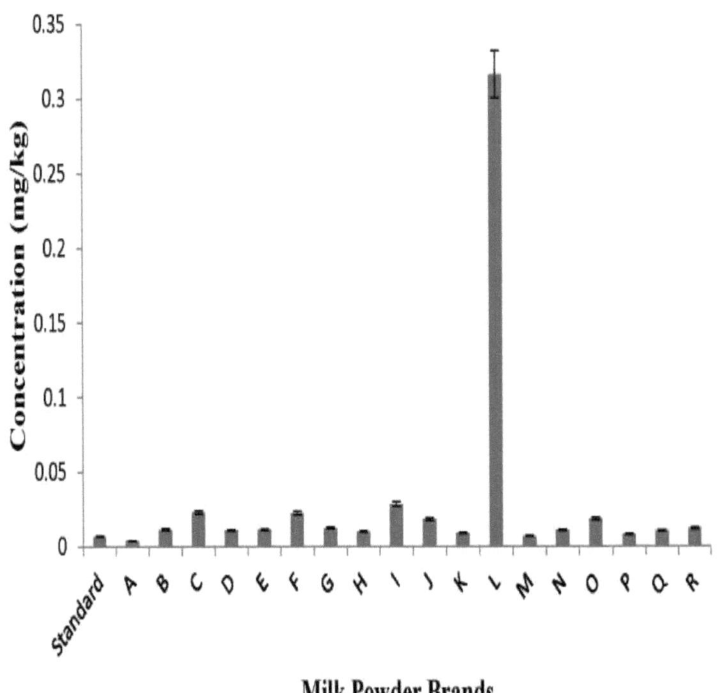

Table 4.3. Concentração total

Brand	Concentration (mg/kg)
A	0.002625 ± 0.003^{ab}
B	0.0025 ± 0.0028^{ab}
C	0.004 ± 0.0004^{ab}
D	0.0025 ± 0.0032^{ab}
E	0.004^{ab}
F	0.001375 ± 0.0016^{ab}
G	0.000375 ± 0.0005^{b}
H	0.004 ± 0.0021^{ab}
I	0.0015 ± 0.0004^{ab}
J	$0.00025b^{b}$
K	0.002125 ± 0.0019^{ab}
L	0.004 ± 0.0032^{ab}
M	$0.0005 \pm 0004b^{b}$
N	0.001125 ± 0.0009^{ab}
O	0.001 ± 0.0004^{ab}
P	0.000875 ± 0.0002^{ab}
Q	0.001375 ± 0.0016^{ab}
R	0.001875 ± 0.0019^{ab}

Os valores são apresentados como média ± DP (desvio padrão).

Os valores médios dentro de uma coluna com letras diferentes sobrescritas são significativamente diferentes (P<0,0001)

O mercúrio é um metal pesado que pertence à série de elementos de transição da

tabela periódica. Ocorre na natureza sob três formas (elementar, inorgânica e

orgânica), cada uma com o seu próprio perfil de toxicidade (Clarkson et al. 2003). É

uma toxina e um poluente ambiental comum que provoca alterações graves nos

tecidos do corpo e causa uma vasta gama de efeitos adversos para a saúde (Bhan &

Sarkar, 2005). Os dados mostraram que não há diferença significativa (P<0,0001)

entre as marcas em termos de teor de Hg, exceto para as marcas G, J e M, que têm

um valor significativamente mais baixo.

(P<0,0001) em comparação com os níveis máximos de Hg (0,005 mg/kg)

estabelecidos pela

O Codex Alimentarius em relação à contaminação por metais pesados

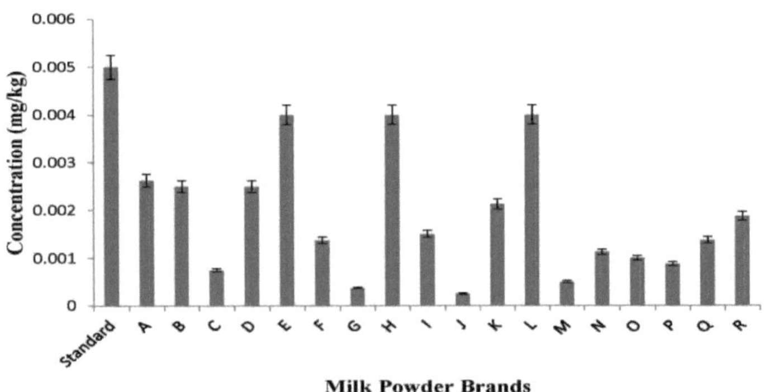

Figura 4.3 Flutuações na concentração de mercúrio em diferentes marcas de leite

Brand	Concentration (mg/kg)
A	0.1005 ± 0.0152^{gh}
B	0.12513 ± 0.009^{defg}
C	0.29163 ± 0.0083^{b}
D	0.206 ± 0.0134^{c}
E	0.148 ± 0.0163^{defg}
F	$0.13263 \pm 0.0053^{defg}$
G	0.16125 ± 0.0131^{de}
H	0.1475 ± 0.0272^{defg}
I	$0.12425 \pm 0.0173^{defd}$
J	$0.12438 \pm 0.0161^{defg}$
K	$0.11263 \pm 0.0214^{defg}$
L	0.09138 ± 0.0108^{h}
M	$0.12325 \pm 0.0021^{defg}$
N	0.109 ± 0.0162^{fgh}
O	0.12238 ± 0.003^{defg}
P	0.121 ± 0.0063^{defg}
Q	0.15688 ± 0.0602^{def}
R	0.1685 ± 0.0194^{dc}

Table 4.4. Teor total de crómio em diferentes marcas de leite em pó

Os valores são apresentados como média ± DP (desvio padrão).

Os valores médios dentro de uma coluna com letras diferentes sobrescritas são significativamente diferentes (P<0,0001)

O crómio (Cr) é um elemento que ocorre naturalmente na crosta terrestre com estados de oxidação (ou estados de valência) que variam entre o crómio (II) e o crómio (VI) (Assem & Zhu, 2007). Todas as marcas de leite em pó apresentaram valores significativamente mais baixos (P<0,0001) para o Cr do que os níveis máximos estabelecidos pelo Codex Alimentarius (2 mg/kg). Nos teores mais baixos, as marcas B, E, F, H, I, J, K, M, O e P não apresentaram diferença significativa (P<0,0001) e diferiram significativamente (P<0,0001) das demais marcas, e houve diferença significativa (P<0,0001) para o teor de Cr entre as marcas A, C, D, G, L, N, Q e R.

Figura 4.4 Flutuações na concentração de crómio em diferentes marcas de leite

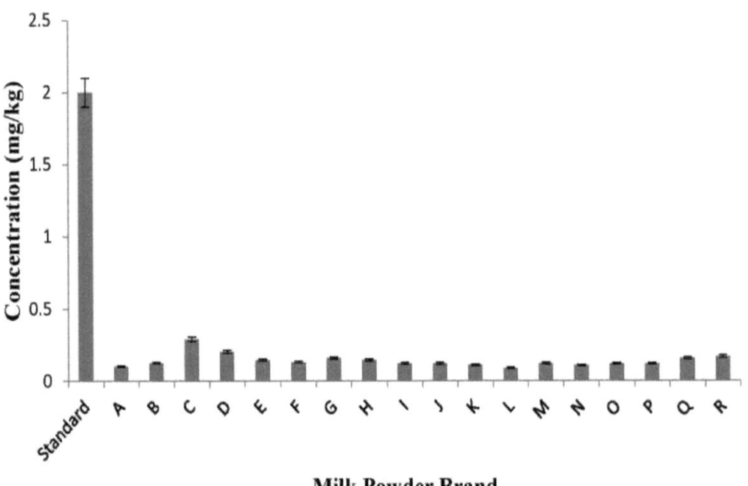

Table 4.5. Chumbo total

Brand	Concentration (mg/kg)
A	0.09188 ± 0.0327^{bcd}
B	0.14575 ± 0.0124^{abc}
C	0.096 ± 0.0152^{bcd}
D	0.12063 ± 0.033^{abc}
E	0.09913 ± 0.027^{abc}
F	0.09225 ± 0.0099^{bcd}
G	0.09725 ± 0.001^{bcd}
H	0.09275 ± 0.0053^{bcd}
I	0.09063 ± 0.0083^{bcd}
J	0.09375 ± 0.0103^{bcd}
K	0.08688 ± 0.0348^{bcd}
L	0.08338 ± 0.0055^{bcd}
M	0.15538 ± 0.0313^{ab}
N	0.008 ± 0.0032^{dc}
O	0.08725 ± 0.0131^{bcd}
P	0.09713 ± 0.032^{bcd}
Q	0.09388 ± 0.0044^{bcd}
R	0.08663 ± 0.0154^{bcd}

Os valores são apresentados como média ± DP (desvio padrão).

Os valores médios dentro de uma coluna com letras diferentes sobrescritas são significativamente diferentes (P<0,0001)

Capítulo 5 CONCLUSÕES E RECOMENDAÇÕES

5.1. Conclusões

Em resumo, o estudo concluiu que existe um risco de contaminação por metais pesados, particularmente Pb e Cd, no leite em pó da região de Kurunegala. Quatro marcas de leite em pó, incluindo uma das mais populares (B, D, E e M), tinham níveis significativamente mais elevados (P<0,0001) de Pb, enquanto a marca L continha um nível significativamente mais elevado (P<0,0001) de Cd. Todas as marcas foram não-significativas (P<0,0001) para As, Cr e Hg, indicando que não representam um risco para a saúde dos consumidores.

5.2. Recomendações

Os resultados da investigação são importantes para garantir a segurança dos consumidores. Como não existe literatura sobre a análise do leite em pó para deteção de metais pesados no Sri Lanka, os investigadores devem concentrar a sua atenção no preenchimento desta lacuna para futuros investigadores. As análises regulares do leite em pó são uma necessidade, uma vez que este é amplamente consumido como suplemento alimentar pelos habitantes locais. As autoridades e os funcionários devem introduzir regras e regulamentos rigorosos para banir dos mercados as marcas de leite em pó contaminadas. O público deve ser informado sobre as descobertas para garantir o bem-estar dos consumidores.

REFERÊNCIAS

Adriano, D.C., 2001 *Trace Elements in Terrestrial Environments. Biogeoquímica, Biodisponibilidade e Riscos dos Metais,* Disponível em : http://dx.doi.org/10.1071/EN06057\nhttp://link.springer.com/10.1007/978-0-387-21510-5.

Akesson, A. et al, 2006. Efeitos induzidos pelo cádmio nos ossos num estudo de base populacional de mulheres. *Environmental Health Perspectives,* 114(6), pp. 830-834.

Alturiqi, A.S. & Albedair, L.A., 2012. Avaliação de alguns metais pesados em certos peixes, carne e produtos à base de carne nos mercados da Arábia Saudita. *Jornal Egípcio de Investigação Aquática,* 38(1), pp.45-49.

Assem, L. & Zhu, H., 2007. chromium toxicological overview. *Agência de Proteção da Saúde,* (Iii), pp.1-14. Disponível em : http://www.hpa.org.uk/webc/HPAwebFile/HPAweb_C/1194947362170.

ATSDR, 2007 *Toxicological profile for* arsenic, disponível em: http://dx.doi.org/10.1155/2013/286524.

Baldauf, R.W., Lane, D.D. & Marote, G.A., 2001. Conceção de uma rede de monitorização da qualidade do ar ambiente para avaliar os impactos na saúde humana decorrentes da exposição a contaminantes transportados pelo ar. *Environmental Monitoring and Assessment,* 66(1), pp.63-76.

Becker, K. et al, 2002 German Environmental Survey 1998 (GerES III): Poluentes ambientais no sangue da população alemã. *International Journal of Hygiene and Environmental Health,* 205(4), pp.297-308. disponível em: http://www.ncbi.nlm.nih.gov/pubmed/12068749.

Bhan, A. & Sarkar, N.N., 2005. Mercúrio no ambiente: efeitos na saúde e na reprodução. *Revisões sobre Saúde Ambiental,* 20(1), pp.39-56.

Bruun, S. et al, 2006. Aplicação de resíduos sólidos urbanos orgânicos processados em terras agrícolas - Uma análise de cenários. *Modelação e Avaliação Ambiental,* 11(3), pp.251-265.

de Castro, C.S.P. et al, 2010. metais tóxicos (Pb e Cd) e seus respectivos antagonistas (Ca e Zn) em fórmulas infantis e leite comercializados em Brasília, Brasil. *International Journal of Environmental Research and Public Health,* 7(11), pp.40624077.

CDC, 2012. resposta às recomendações do Comité Consultivo para a Prevenção do Envenenamento por Chumbo em Crianças em "Low Level Lead Exposure Harms Children: A Renewed Call of Primary Prevention". *Morbidity Mortality Weekly,* 61(20), p.383. Disponível em : http://www.cdc.gov/nceh/lead/ACCLPP/CDC_Response_Lead_Exposure_Recs.pdf.

Clarkson, T.W., Magos, L. & Myers, G.J., 2003 The Toxicology of Mercury - Current Exposures and Clinical Manifestations (A toxicologia do mercúrio - exposições actuais e manifestações clínicas). *N Engl J Med,* 34918349, pp. 1731-7.

Cohen, M.D. et al, 1993. mechanisms of carcinogenicity and toxicity of chromium.

Critical Reviews in Toxicology, 23(3), pp. 255-281.

Comité de Toxicologia, 2001 *Arsenic in Drinking Water 2001 Update,*

Corpas, I. et al, 1995. Alterações testiculares em ratos após a administração de chumbo durante a gravidez e o início da lactação. *Reproductive Toxicology*, 9(3), pp.307-313.

Dalgleish, D.G. & Corredig, M., 2012. A estrutura da micela de caseína do leite e as suas alterações durante o processamento. *Revisão Anual de Ciência e Tecnologia Alimentar*, 3(1), pp.449-467.

Davison, A.G. et al, 1988 - INALAÇÃO DE FUMO DE CÁDMIO E EMPHYSEM. *The Lancet*, 331(8587), pp.663-667.

Departamento de Censos e Estatística, S.L., 2013. Produção, Importação e Disponibilidade de Leite e Produtos Lácteos .
Disponível em :
http://www.statistics.gov.lk/agriculture/Livestock/MilkProduction.html.

Dopp, E. et al, 2004. *environmental distribution, analysis, and toxicity of organometal(loid) compounds*, Disponível em: <Go to ISI>://WOS:000221760300002.

Duffus, J.H., 2002. *"Metais pesados" - um termo sem sentido?*

Farag, A., 2000. heavy metals in drinking water and their effects on human health. *Icehm*, pp. 542-556.

Farfel, M.R. & Chisolm, J.J., 1991. Uma avaliação de métodos experimentais para a remoção de tinta à base de chumbo em edifícios residenciais: relatório de um projeto-piloto. *Environmental Research,* 55(2), pp.199-212.

Flora, G., Gupta, D. & Tiwari, A., 2012. toxicidade do chumbo: uma visão geral com informações actuais. *Interdisciplinary Toxicology,* 5(2), pp.47-58. disponível em:
http://www.pubmedcentral.nih.gov/articlerender.fcgi?artid=3485653&tool=pmcentrez&rendertype=abstract.

Fowler, B., Alexander, J. & Oskarsson, A., 2015. *toxic metals in food. Capítulo 6,* Disponível em :
http://www.sciencedirect.com/science/article/pii/B9780444594532000068.

G. L. W. E. N. Madushani e L. H. P. Gunaratne, 2010a. Consumer preference for different attributes of milk powder: A conjoint analysis (Preferência do consumidor por diferentes atributos do leite em pó: uma análise conjunta).

G. L. W. E. N. Madushani e L. H. P. Gunaratne, 2010b. Consumer preferences for different attributes of milk powder: A conjoint analysis (Preferências do consumidor por diferentes atributos do leite em pó: uma análise conjunta).

Gogoa, I. et al, 2006. Deteção de metais pesados em queijo de ovelha (região de Banat, Roménia). , 2006, S.1-6.

Guetouache, Mourad, Guessas, Bettache, M. & Samir, 2014. composição e valor nutricional do leite cru. , 2(dezembro), pp.115-122.

Guzzi, G. & La Porta, C.A.M., 2008. Mecanismos moleculares desencadeados pelo mercúrio. *Toxicologia*, 244(1), pp.1-12.

Haug, A., Hostmark, A. & Harstad, O., 2007. O leite de vaca na dieta humana - uma visão geral. *Lipids in Health and Disease*, 6(1), p.25. Disponível em: http://www.lipidworld.com/content/6/1/25.

Saúde, D. de A.P., 2010. boletim estatístico do sector pecuário. , 3, pp.1-4.

Health, D. of A.P., 2014 *Livestock Statistical Bulletin* M. G. D. N. S. Dr D. L. N. Kumudinie, Mrs M. Wickramsinghe, Mrs M. I. S. Marasinghe, Mr M. K. C. Nuwan Kumara, Mrs R. Wijesinghe, Mr M. Jayasinghe & M. S. Wickramasinghe, eds, Health, Department of Animal Production and Health.

History, A., 2010, Pakistan Veterinary Journal. *Animals,* 8318(2), pp.85-92. Disponível em: http://www.pvj.com.pk/pdf-files/31{_}3/192-194.pdf.

Hoffmeyer, R.E. et al, 2006. molecular mimicry in mercury toxicology (mimetismo molecular na toxicologia do mercúrio). *Chemical Research in Toxicology*, 19(6), pp.753-759.

Holmes, A.L., Wise, S.S. & Wise, J.P., 2008. carcinogenicidade do ácido hexavalente
Crómio. *Indian Journal of Medical Research*, 128(4), pp.353-372.

Holmes, P., James, K.A.F. & Levy, L.S., 2009. Does low-level environmental mercury exposure matter for human health? *Science of the Total Environment*, 408(2), pp.171-182.

Hooke, R., 2012 Land Transfomation by Humans: A Review (Transfomação de terras por seres humanos: uma revisão). *GSA Today*, 22(12), pp.4-10.

Hristov, A. N., Hazen, W. & Ellsworth, J.W., 2007. Eficiência da utilização de magnésio, enxofre, cobre e zinco importados nas explorações leiteiras do Idaho. *Journal of dairy science*, 90(6), pp.3034-3043.

IPCS - International Programme on Chemical Safety, 1988 *Environmental Health Criteria61-Chromium*, disponível em :
http://www.inchem.org/documents/ehc/ehc/ehc61.htm\nhttp://scholar.google.com/sch olar?hl=en&btnG=Suche&q=intitle:ENVIRONMENTAL+HEALTH+CRITERIA+6 1+(Chrom)#5.

J.N. Solidum, S.G.B., dela Cruz, K.M. & Padilla, R., 2012. A Quantitative Analysis on Cadmium and Chromium Contamination in Powdered Children's Milk Available in Metro Manila, Philippines. *Conferência Internacional sobre Meio Ambiente e Biociências*, 44.

Jarup, L. et al, 1998. Efeitos na saúde da exposição ao cádmio - uma revisão da literatura e uma avaliação dos riscos. *Scandinavian journal of work, environment & health*, 24 Suppl 1, pp.1-51. Availableat :
http://www.ncbi.nlm.nih.gov/pubmed/9569444\nhttp://www.sjweh.fi/download.php?a

bstract_id=281&file_nro=1.

Javed, I. et al, 2013. Resíduos de metais pesados na carne de caprino no inverno e no verão

Estações. , 3(12).

Javed, I. et al, 2009. Resíduos de metais pesados no leite de bovinos e caprinos durante o inverno. *Boletim de Contaminação Ambiental e Toxicologia*, 82(5), pp.616-620.

Jensen, R.G., 2002. the composition of bovine milk fats: January 1995 to December 2000. *journal of dairy science*, 85(2), pp.295-350. disponível em http://linkinghub.elsevier.com/retrieve/pii/S0022030202740794\nhttp://dx.doi.org/10.3168/jds.S0022-0302(02)74079-4.

Jones, D.J., 2012. prevenção primária e resultados de saúde: Addressing residential lead-based paint hazards and the prevalence of childhood lead poisoning. *Jornal de Economia Urbana*, 71(1), pp.151-164.

Juniper, D.T. et al, 2006. Suplementação de selénio em vacas leiteiras em lactação: efeitos nas concentrações de selénio no sangue, leite, urina e fezes. *Journal of dairy science*, 89(9), pp.3544-3551. disponível em:
http://dx.doi.org/10.3168/jds.S0022-0302(06)72394-3.

K.W., A., D.A., S. & I., H.-P., 1994. prenatal lead exposure in relation to gestational age and birth weight: A review of epidemiologic studies. *American Journal of IndustrialMedicine*, 26(1), pp.13-32.
Disponível em :
http://www.embase.com/search/results?subaction=viewrecord&from=export&id=L24184416\nhttp://sfx.library.uu.nl/utrecht?sid=EMBASE&issn=02713586&id=doi:&atitle=Exposição pré-natal ao chumbo relacionada com a idade gestacional e o peso à nascença: análise epidemiológica.

Kaul, B. et al, 1999. rastreio de acompanhamento de crianças envenenadas com chumbo perto de uma fábrica de reciclagem de baterias de automóveis, Haina, República Dominicana. *Environmental Health Perspectives*, 107(11), pp.917-920.

Khan, D.M.A., 2013 Environmental Pollution. , 175(abril 2011), pp.1-15.

Khan, N. et al, 2013. validação do método para a determinação simultânea de crómio, molibdénio e selénio em fórmulas para lactentes por ICP-OES e ICP-MS.
FoodChemistry, 141(4), pp.3566-3570. Availableat :
http://dx.doi.org/10.1016/j.foodchem.2013.06.034.

Kirpichtchikova, T.A. et al, 2006. Especiação e solubilidade de metais pesados em solos contaminados por microfluorescência de raios X, espetroscopia EXAFS, extração química e modelização termodinâmica. *Geochimica et Cosmochimica Ata*, 70(9), pp.2163-2190.

Klimmek, S. et al, 2001. Análise comparativa da biossorção de cádmio, chumbo, níquel e zinco por algas. *Environmental Science and Technology*, 35(21), pp.42834288.

Lanka, S., 2008, Global dairy markets: Implications for Sri Lanka. , 2006, pp.20042008.

Lanphear, B., 2005. prevention of childhood lead poisoning. *JAMA: The Journal of the American Medical   ...,   89(7),   pp.1129-1130.   Disponível em :* http://www.boe.ca.gov/info/fact_sheets/childhood_lead.htm\nhttp://jama.ama-assn.org/content/293/18/2274.short.

Lanphear, B.P. et al, 1998. A contribuição do pó da casa e dos pavimentos residenciais contaminados com chumbo para os níveis de chumbo no sangue das crianças. Uma análise conjunta de 12 estudos epidemiológicos. *Environmental Research*, 79(1), pp.51-68.

Liang, Y. & Wong, M.H., 2003. Poluição espacial e temporal por metais pesados e orgânicos na Reserva Natural dos Pântanos de Mai Po, Hong Kong. *Chemosphere*, 52(9), pp.1647-1658.

Llobet, J.M. et al, 2003. Concentrações de arsénio, cádmio, mercúrio e chumbo em alimentos comuns e estimativa da ingestão diária por crianças, adolescentes, adultos e idosos na Catalunha, Espanha. *Journal of Agricultural and Food Chemistry*, 51(3), pp. 838-842.

MacLachlan, D.J. & Bhula, R., 2009. Transferência de pesticidas lipossolúveis de alimentos contaminados para o gado e gestão de resíduos. *Animal Feed Science and Technology*, 149(3-4), pp.307-321.

Mandal, B.K. & Suzuki, K.T., 2002. arsénio no mundo: uma revisão. *Talanta*, 58(1), pp.201-235.

Mascagni, P. et al, 2003: A função do sentido do olfato em trabalhadores expostos a concentrações moderadas de cádmio no ar. In *NeuroToxicology*. S. 717-724.

Matlock, M.M., Henke, K.R. & Atwood, D. a, 2002. Eficácia dos reagentes comercialmente disponíveis para a remoção de metais pesados da água com novas perspectivas para a futura conceção de quelatos. *Journal of Hazardous Materials,* 92(2), pp.129-142.

McKenna, E. et al, 2013. Impactos económicos e ambientais das baterias de chumbo-ácido em sistemas fotovoltaicos domésticos ligados à rede. *Applied Energy*, 104, pp.239-249.

Mielke, H.W., 1999. lead in the inner cities. *American Scientist*, 87(1), pp.62-73.

Mohammad, I.K. et al, 2008. Stress oxidativo em pintores expostos a baixos níveis de chumbo. *Arhiv za higijenu rada i toksikologiju,* 59(3), p.161-9. Disponível em: http://www.degruyter.com/view/j/aiht.2008.59.issue-3/10004-1254-59-2008-1883/10004-1254-59-2008-1883.xml?rskey=LBwUuM&result=3.

do Nascimento, J.R.O., 2004. produtos lácteos funcionais. *Revista Brasileira de Ci{e}ncias Farmac{e}uticas*, 40, p.441.

Nriagu, J. O., 1989: Uma avaliação global das fontes naturais de metais vestigiais atmosféricos. *Nature*, 338, pp.47-49.

Ojedokun, A.T. & Bello, O.S., 2016. sequestro de metais pesados de águas residuais com esterco de vaca. *Water Resources and Industry*, 13, pp.7-13. Disponível em: http://dx.doi.org/10.1016/j.wri.2016.02.002.

Ong, C.N. et al, 1985. Concentrações de chumbo no sangue materno, no sangue do cordão umbilical e no leite materno. *Archives of Disease in Childhood*, 60(8), pp.756-759. Disponível   em: http://www.ncbi.nlm.nih.gov/pmc/articles/PMC1777426/\nhttp://www.ncbi.nlm.nih.g ov/pmc/articles/PMC1777426/pdf/archdisch00719-0068.pdf.

Ontsouka, C.E., Bruckmaier, R.M. & Blum, J.W.,   2003. leite fraccionado Composição durante a recolha do colostro e do leite maduro. *Journal of dairy science*, 86(6),   pp.2005-2011. disponível em: http://dx.doi.org/10.3168/jds.S0022-0302(03)73789-8.

Parkpain, P., Sreesai, S. & Delaune, R.D., 2000. Bioavailability of Heavy Metals in Sewage Sludge-Amended Thai Soils. *Water, Air & Soil Pollution*, 122(1/2), pp.163182.   Availableat   : http://search.ebscohost.com/login.aspx?direct=true&db=eih&AN=16604237&site=eh

ost-live.

Paschal, D.C. et al, 2000. exposure of the US population aged 6 years and older to cadmium: 1988-1994. *archives of environmental contamination and toxicology*, 38(3), pp.377-383.

Pathak, A., Dastidar, M.G. & Sreekrishnan, T.R., 2009. Bioleaching of heavy metals from sewage sludge: A review. *Journal of Environmental Management*, 90(8), pp.2343-2353.

Peabody, Taguiwalo, Robalino, F., 2006 Disease Control Priorities in Developing Countries 2nd edition. *Prioridades de Controlo de Doenças nos Países em Desenvolvimento,   2ª   edição,   pp.   1293-1307,*   disponível em   : http://www.worldbank.icebox.ingenta.com/content/wb/2302.

Pirkle, J.L. et al, 1994. O declínio dos níveis de chumbo no sangue nos Estados Unidos. The National Health and Nutrition Examination Surveys (NHANES). *JAMA*, 272(4), pp.284-291. disponível em: PM:8028141.

Qian, G. et al, 2011. A crise dos lacticínios na China: efeitos, causas e implicações políticas para uma indústria de lacticínios sustentável. *Revista Internacional de Desenvolvimento Sustentável {&} World Ecology*, 18(5), pp.434-441.

Rai, R. et al, 2011. gaseous air pollutants: A review on current and future trends of emmission and impact on agriculture. *Scientific Research Banaras Hindu University, Varanasi*, 55, pp. 77-102.

Ranaweera, N.F.C., 2015 Sri Lanka: Opportunities for dairy sector growth Setor review. , 2003(Tabela 1).

Rusyniak, D.E. et al, 2010. toxicologia molecular, clínica e ambiental. *Nih*, 100, pp.365-396.   disponível   em: http://www.scopus.com/inward/record.url?eid=2-s2.0-

77950880787{&}partnerID=tZOtx3y1.

Saha, R., Nandi, R. & Saha, B., 2011. sources and toxicity of hexavalent chromium. *Journal of Coordination Chemistry*, 64(10), pp.1782-1806.

Sanfeliu, C. et al, 2003. neurotoxicidade dos compostos organomercuriais. *Investigação sobre Neurotoxicidade*, 5(4), pp.283-306.

Satarug, S. et al, 2003: Uma perspetiva global da poluição e toxicidade do cádmio na população não ocupacional exposta. In *Toxicology Letters*. S. 65-83.

Satarug, S. et al, 2010. cadmium, environmental exposure and health effects (cádmio, exposição ambiental e efeitos na saúde). *Environmental Health Perspectives*, 118(2), pp.182-190.

Services, H., 2008. *Projeto de perfil toxicológico para o cádmio*,

Shallari, S. et al, 1998: metais pesados em solos e plantas de serpentinas e zonas industriais na Albânia. *Science of the Total Environment*, 209(2-3), pp.133-142.

Shelnutt, S. R., Goad, P. & Belsito, D. V, 2007. dermatological toxicity of hexavalent chromium. *Critical Reviews in Toxicology*, 37(5), pp.375-87. Disponível em: http://eds.b.ebscohost.com.ezproxy.endeavour.edu.au/.

Siddiki, M.S., Ueda, S. & Maeda, I., 2012a. Bioensaios de fluorescência para metais tóxicos em leite e iogurte. *BMC Biotechnology*, 12(1), p.76. Disponível em: BMC.

Siddiki, M.S., Ueda, S. & Maeda, I., 2012b. Bioensaios de fluorescência para metais tóxicos em leite e iogurte. *BMC Biotechnology*, 12(1), p.76. Disponível em: BMC.

Singh, R.P. & Agrawal, M., 2010. Variations in heavy metal accumulation, growth and yield of rice plants grown with different sewage sludge amendments. *Ecotoxicologia e Segurança Ambiental*, 73(4), pp.632-641.

Smith, A.H., Lingas, E.O.. & Rahman, M., 2000. contaminação por arsénico da água potável no Bangladesh: uma emergência de saúde pública. *Boletim da Organização Mundial de Saúde*, 78(9), pp.1093-1103.

Su, C., Jiang, L. & Zhang, W., 2014. Uma visão geral da poluição global por metais pesados no solo: situação, impactos e métodos de remediação. *Cépticos e críticos ambientais*, 3(2), pp.24-38.

Sugiyama, M. et al, 2003. Development of the livestock sector in Asia: An analysis of the current situation of the livestock sector and its significance for future development. S. 1-9.

Tchounwou, P.B. et al, 2003. exposição ambiental ao mercúrio e seus efeitos toxicopatológicos na saúde pública. *Toxicologia Ambiental*, 18(3), pp.149-175.

Tchounwou, P.B.. c, Patlolla, A.K.. & Centeno, J.A., 2003. carcinogens and systemic health effects associated with arsenic exposure - a critical review. *ToxicologicPathology*, 31(6), pp.575-588. Disponível em :

http://www.scopus.com/inward/record.url?eid=2-s2.0-0242468787&partnerID=40&md5=d985cf9e8d99f890e5af08b9b2b06602.

Tchounwou, P.B., Patlolla, A.K.. & Centeno, J.A., 2003. revisões convidadas: Efeitos carcinogénicos e sistémicos para a saúde associados à exposição ao arsénio - uma revisão crítica. *Toxicological Pathology*, 31(6), pp.575-588. disponível em: http://tpx.sagepub.com/content/31/6/575.abstract.

The, A.S.B.Y., 1992. Prevenção do envenenamento por chumbo em crianças pequenas. *Kansas medicine: o jornal da Sociedade Médica do Kansas*, 93(12), pp.358-359.

Tian, C. et al, 2008. O estado redox da tioredoxina-1 (TRX1) determina a sensibilidade das células do carcinoma hepatocelular humano (HepG2) à morte celular induzida pelo trióxido de arsénio. *Cell research*, 18(4), pp.458-71. Availableat : http://www.ncbi.nlm.nih.gov/pubmed/18157160.

Agência de Proteção do Ambiente dos EUA, U.S.E., ORD & Assessment, N.C. for E., 2013. Sistema Integrado de Informação sobre Riscos (IRIS). *Agência de Proteção Ambiental dos EUA, U.S. EPA*. Disponível em: http://www.epa.gov/iris/index.html.

Agência de Proteção Ambiental dos Estados Unidos, 2014 Cádmio (CASRN 7440-439) | IRIS | US EPA. *Sistema Integrado de Informação de Riscos (IRIS)*. Disponível em: http://www.epa.gov/iris/subst/0141.htm.

United States Environmental Protection Agency (Agência de Proteção Ambiental dos Estados Unidos), 1997. *Mercury Study Report to Congress: Health Effects of Mercury and Mercury Compounds (Relatório do Estudo sobre o Mercúrio para o Congresso: Efeitos do Mercúrio e dos Compostos de Mercúrio na Saúde)*,

Velma, V., Vutukuru, S.S. & Tchounwou, P.B., 2010. Ecotoxicologia do crómio hexavalente em peixes de água doce: uma revisão crítica. *Revisões sobre saúde ambiental*, 24(2), pp.129-145.

Wang, X.-F. et al, 2006: a administração oral de Cr(VI) induziu stress oxidativo, danos no ADN e morte celular apoptótica em ratinhos. *Toxicologia*, 228(1), pp.16-23.

Wang, Z.G. et al, 1998. O trióxido de arsénio e o melarsoprol induzem a morte celular programada em linhas celulares de leucemia mieloide e funcionam independentemente de PML e PML-RARalpha. *Sangue,* 92, pp.1497-1504.

Wells, P.G., Duce, R.A. & Huber, M.E., 2002. Caring for the sea - Accomplishments, activities and future of the United Nations GESAMP (the Joint Group of Experts on the Scientific Aspects of Marine Environmental Protection). *Ocean and Coastal Management*, 45(1), pp.77-89.

Wilburg, S., Ingerman, L., Citra, M. Osier, M., Wohlers, D., 2000 Toxicological profile for chromium. *Saúde Pública*, (setembro), p.421.

Wuana, R. a. & Okieimen, F.E., 2011. Heavy Metals in Contaminated Soils: A Review of Sources, Chemistry, Risks and Best Available Strategies for Remediation (Metais Pesados em Solos Contaminados: Uma Revisão das Fontes, Química, Riscos e Melhores

Estratégias Disponíveis para Remediação). *ISRN Ecology*, 2011, pp. 1-20.

Yusuf, S. et al, 2004. Impacto dos factores de risco potencialmente modificáveis associados ao enfarte do miocárdio em 52 países (estudo INTERHEART): Estudo caso-controlo. *The Lancet*, 364(9438), pp.937-952.

Zahir, F. et al, 2005. Toxicidade de baixas doses de mercúrio e saúde humana. *Environmental Toxicology and Pharmacology*, 20(2), pp.351-360.

Zhang, X.-H. et al, 2011. A exposição ocupacional crónica ao crómio hexavalente causa danos no ADN em trabalhadores de galvanoplastia. *BMC Public Health*, 11(1), p.224. Disponível em: http://www.biomedcentral.com/1471-2458/11/224.

Índice

I want morebooks!

Buy your books fast and straightforward online - at one of world's fastest growing online book stores! Environmentally sound due to Print-on-Demand technologies.

Buy your books online at
www.morebooks.shop

Compre os seus livros mais rápido e diretamente na internet, em uma das livrarias on-line com o maior crescimento no mundo! Produção que protege o meio ambiente através das tecnologias de impressão sob demanda.

Compre os seus livros on-line em
www.morebooks.shop

info@omniscriptum.com
www.omniscriptum.com

Printed by Books on Demand GmbH, Norderstedt / Germany